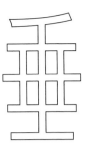

垂

向 时 间

地质学家的计时簿

How Thinking Like
a Geologist
Can Help Save
the World

后浪出版公司

［美］马西娅·比约内鲁德——著

林 葳——译

浙江科学技术出版社·杭州

TIMEFULNESS

著作权合同登记号　图字：11-2024-020
审图号：GS 京（2024）0685 号
本书插图系原文插图

Timefulness: How Thinking Like a Geologist Can Help Save the World by Marcia Bjornerud
Copyright © 2018 by Princeton University Press
本书中文简体版权归属于银杏树下（上海）图书有限责任公司

图书在版编目（CIP）数据

垂向时间：地质学家的计时簿 /（美）马西娅·比
约内鲁德著；林葳译. -- 杭州：浙江科学技术出版社，
2024.6
　ISBN 978-7-5739-1128-5

Ⅰ.①垂… Ⅱ.①马… ②林… Ⅲ.①地质学—普及
读物 Ⅳ.① P5-49

中国国家版本馆 CIP 数据核字 (2024) 第 050022 号

书　　名　垂向时间：地质学家的计时簿
著　　者　［美］马西娅·比约内鲁德
译　　者　林　葳
出版发行　**浙江科学技术出版社**
　　　　　杭州市拱墅区环城北路 177 号　　邮政编码：310006
　　　　　办公室电话：0571-85176593　　销售部电话：0571-85176040
　　　　　E-mail：zkpress@zkpress.com
印　　刷　河北中科印刷科技发展有限公司

开　本	143mm × 210mm　1/32	印　张	7.5
字　数	156 千字		
版　次	2024 年 6 月第 1 版	印　次	2024 年 6 月第 1 次印刷
书　号	ISBN 978-7-5739-1128-5	定　价	68.00 元

出版统筹	吴兴元	编辑统筹	费艳夏
特邀编辑	魏潇	封面设计	墨白空间·曾艺豪
责任编辑	卢晓梅	责任校对	张宁
责任美编	金晖	责任印务	叶文炀

后浪出版咨询（北京）有限责任公司　版权所有，侵权必究
投诉信箱：editor@hinabook.com　fawu@hinabook.com
未经许可，不得以任何方式复制或者抄袭本书部分或全部内容
本书若有印、装质量问题，请与本公司联系调换，电话 010-64072833

致 谢

我感谢许多为本书的创作与出版做出贡献的人：我的同事 David McGlynn 和 Jerald Podair；普林斯顿大学出版社编辑 Eric Henney 和 Leslie Grundfest，以及合作者 Arthur Werneck 和 Stephanie Rojas；审稿人 Barbara Liguori；插画家 Haley Hagerman，她的作品是永恒的。同时也要感谢我的家人：我的双亲格洛里亚和吉姆；儿子奥拉夫、芬恩和卡尔；以及男友保罗，我很幸运能与他在地球上共度时光。

目　录

垂向时间 ① 的魅力

时间是人类公认的超自然力量。

——哈尔多尔·拉克斯内斯（Halldór Laxness），

《冰川之下》（*Under the Glacier*），1968 年

　　对于在寒冷气候中长大的孩子而言，生活中很少有别的经历会像雪天一样带来纯粹的快乐。假期的乐趣可能会因之前数周的期待而打了折扣，下雪的日子则是纯粹的奇缘。20 世纪 70 年代，在威斯康星州（Wisconsin）的乡下，学校停课是通过广播宣布的。我们将收音机的音量调大，兴奋难耐地听着广播员依照令人恼火的字母顺序宣读全县公立学校和教区学校的名字。终于，我们学校的名字将要被报出，就在那一刻，一切皆有可能。时间暂且被"废止"；成人世界中压抑的日程表魔法般地暂停了，向大自然的权威让步。

　　于是，我们迎来了奢侈的自由时光。首先，我们要在白雪皑皑的寂静世界中探险。房屋周围树林的新颖面貌，以及熟悉

---

① 本书"timefulness"一词译为"垂向时间"或"时间无处不在"。——编者注

的事物因松软的银粟而变得"胖乎乎"的模样，都会令我们惊叹不已。树桩与岩石披着厚厚的"被子"；邮筒则戴着一顶高得惹人发笑的"礼帽"。我们更珍惜这类英勇的"踏勘任务"，因为我们知道自己不久后就得回到温暖舒适的室内。

2　　我记得一个特别的雪天。彼时，我正上八年级①，正处于童年期与成年期之间的过渡阶段。那个冬夜落了近 30 厘米厚的雪，刺骨的寒风接踵而至。翌日清晨，万籁俱寂，整个世界白得耀眼。儿时的同伴已是十几岁的少年，他们对睡眠的渴望超过了对雪的兴趣。然而，我无法抗拒这个已经发生了变化的世界。我将自己包裹在羊毛衫和羽绒服之中，走了出去。冰冷的空气刺痛我的双肺。树枝以一种特殊的方式吱嘎作响，这是严寒释放的信号。我步履艰难地下山，朝着房子下方的小溪前进。一根树枝上的红点吸引了我的目光，那是一只雄性北美红雀，蜷缩在冰冷的日光下。我走向那棵树，奇怪的是，这只鸟似乎并未感知到我的脚步声。我靠得更近了，而后脑中产生了一种令人憎恶又着迷的意识，它被冻结在了栖息之地，如同自然历史博物馆中安装着玻璃眼珠的标本。树林里的时间仿佛静止了，这让我看清了往常因动态而难以捕捉的景象。

　　回到那个下午，我尽情享受着未被安排的自由时光。我将厚重的世界地图集从书架上拿下来，舒展四肢躺在它旁边。我总是着迷于地图；优秀的地图能够如迷宫一般揭示隐藏的历史。当日，我碰巧翻到了地图集中的一张对开图，上面显示了全球

———————————

① 美国的义务教育一般从幼儿园开始，到第十二年级结束。其中，八年级大致对应我国的初中阶段。——译者注

时区的分界线（顶部排列着标有芝加哥、开罗与曼谷的相对时间的时钟）。地图上以不同色块标识的时区大多以经线划分，只有少数国家和地区例外。例如，中国的疆域横跨多个时区，但全国仅以一个时区（东八区）为准。纽芬兰岛、尼泊尔、澳大利亚中部等地的时间与格林尼治标准时之间的差值并非小时的整数倍。此外，少数国家和地区，如南极洲、蒙古国和位于北冰洋的斯瓦尔巴群岛（Svalbard），它们在地图上呈现灰色；依据图例，它们"没有官方时间"。我被一种想法迷住了：那些地域拒绝被一分一秒所束缚，完全不受日程表的统治。那里的时间是否像枝头的北美红雀一样被冻结？还是单纯地按照一种更狂野的自然韵律流淌，不受限制，无拘无束？

　　几年后，出于巧合或某种宿命，我来到斯瓦尔巴群岛进行地质学博士研究的野外工作。我发现，在某些方面，那片土地确实不受时间的约束。它仍深深地烙印着冰期的痕迹。不同时代的人类历史遗迹（17 世纪鲸脂制造者丢弃的鲸骨、叶卡捷琳娜大帝统治时期的猎人坟墓，以及德国纳粹轰炸机的残骸）散落在广袤却贫瘠的苔原上，如同一场策划拙劣的展览。此外，我了解到斯瓦尔巴群岛之所以"没有官方时间"，是因为俄罗斯人和挪威人之间的一个琐碎但旷日持久的争论——该地应该遵守莫斯科时间，还是奥斯陆时间？遥想那个雪天，即将迈入成年期的我仍住在父母舒适的房子里；由于暂且摆脱了日常行程，我窥见了一种可能性：在某些地方，时间尚未被定义，亦无形，人们甚至可以在过去和现在之间自由地穿梭。因为我对未来的变化与消逝怀有一种朦胧的预感，所以我希望那个完美的雪天可以成为我永久的精神家园。纵使我外出冒险，归来时一切仍是最初的模样。自此，我对时间产生了一种复杂的情感。

1984 年的夏季，我搭乘挪威极地研究所（Norwegian Polar Institute）的科考船第一次前往斯瓦尔巴群岛。彼时，我还是一名新入学的研究生（更确切地说，是一名晕船的乘客）。我们的野外考察期要到 7 月初才开始，届时一部分海冰已经破裂，足以让船只安全航行。离开挪威大陆整整三天之后，我们终于到达了斯匹次卑尔根岛（Spitsbergen）的西南海岸。斯匹次卑尔根岛位于阿巴拉契亚-加里东造山带（Appalachian-Caledonian chain）的最北端，这座岛屿上的山脉的构造史便是我日后博士研究的核心内容。晕船的我被折磨得萎靡不振，幸运的是，那日的海浪太高，我们一行人无法借助橡皮艇登陆。这意味着，我们可以乘坐直升机，享受一趟更快捷、更干爽的奢侈之旅。我们从摇摇晃晃的顶层甲板上起飞，所有的装备和食物用网兜住，像一袋洋葱一样挂在直升机下方，悬于波涛汹涌的海面上空，摇摇欲坠。我记得，当直升机接近陆地时，我在地面上寻找可用作比例尺的物体，但眼前只有大小不明的岩石、溪流，以及一片片长满苔藓的苔原。最后，我看到了一个看起来像是饱经风霜的木制"水果箱"。原来它就是我们将要居住两个月的小屋（见图 1）。

自直升机离开、科考船消失在地平线上起，我们的营地就与 20 世纪末的社会脱节了。这间小屋（挪威人称作"hytte"）其实非常舒适，是 20 世纪初由机智的猎人用浮木建造而成的。我们携带了第二次世界大战时期的老式手动栓式毛瑟步枪，以

图 1　我们的木屋位于挪威北极圈中的斯瓦尔巴群岛上

防范北极熊的攻击。除了预先安排的每晚用无线电联络科考船，我们无法与外界联系。这艘船会在夏季期间缓慢地环绕斯瓦尔巴群岛航行，并进行海洋学测量。我们对时事新闻一无所知。在经历了多个野外考察季的数年后，我发现自己竟然不太记得 7 月至 9 月期间发生的世界大事。[什么？理查德·伯顿（Richard Burton）① 是何时去世的？]

　　身处斯瓦尔巴群岛，我对时间的感知力脱离了正常的范畴。其中一部分原因是北极圈夏季的极昼（阳光并非时刻普照着岛屿，天气有时会变得相当恶劣），这种现象令人难以确定适宜

5

————————

① 　理查德·伯顿（1925—1984），英国戏剧与电影演员。他是 20 世纪 60 年代最知名、身价最高的好莱坞巨星之一，主要作品有《最长的一天》《柏林谍影》《灵欲春宵》等。——译者注

的入睡时间。另一部分原因是，我一心一意地研究这片人迹罕至、荒凉环境的自然历史，就像苔原上的物体大小很难判断一样，过往事件之间的时空也变得难以辨别。岛屿上的山脉坚固并生机勃勃，与之相比，我们零星发现的人工制品（一张缠结的渔网、一个腐烂的气象气球）看起来却更古老、更破旧。在每日返回营地的漫长路途中，我会迷失在纷繁的思绪里，而风与海浪的声音会将我的心神荡涤澄净。有时，我觉得自己仿佛站在一个圆圈的中心，与我生命中的各个阶段（无论过去还是未来）保持着相等的距离。那感觉蔓延到了景观与岩石上：沉浸在它们的故事中，我发现过去的事件仍然存在，甚至觉得这些事件会在未来某一天以迷人的面貌再次上演。这种感受并非窥探到了"时间**无限**"（timelessness），而是洞见了"时间**无处不在**"（timefulness），敏锐地意识到了世界是如何被时间塑造——确切地说，由时间"构成"的。

第一章

垂向时间的意义

万物皆变，无物消逝。

——奥维德（Ovid），《变形记》

（*Metamorphoses*），公元 8 年

被厌恶的时间

作为一名地质学家与大学教授，我在谈论和写作"纪""世"等地质学年代的主题时十分自信且潇洒。"地球与生命的历史"是我固定教授的课程之一。该课程为期 10 周，讲述了整个地球长达 45 亿年的演化传奇。然而，作为人类，更确切地说，作为一个女儿、母亲和遗孀，我与所有人一样，在诚实地面对"时间"方面拼尽了全力。换言之，我承认有些时间是虚伪的。

对时间的反感如乌云般影响了个人与集体的思考。如今看起来很可笑的"千年虫"（Y2K）危机，曾经在千禧年之交威胁了全球计算机系统与世界经济。这场危机是由二十世纪六七十年代的程序员们造成的，他们显然不认为公元 2000 年会如期到来。在过去的 10 多年间，人们逐渐将肉毒杆菌美容护理和整形

手术视作提升自信的健康手段，而忽视了它们的本质 —— 我们
恐惧与厌恶时间的证据。人们对死亡的天然厌恶在一种文化中
被放大了，这种文化将时间视为敌人，并竭尽所能地否认它的
消逝。正如伍迪·艾伦（Woody Allen）所言："美国人认为死亡
是可以选择的。"

7 　　这种对时间的否认也许是**时间恐惧症**（chronophobia）最
常见且最情有可原的形式。这种心态源于一种非常典型的人性
因素，即虚荣心与存在主义恐惧的结合。然而，一些有害的心
态与一些几乎无害的心态交织在了一起，导致社会中形成了一
种普遍、顽固且危险的对于时间的无知。身处 21 世纪，如果一
个受过教育的成年人无法在世界地图上辨识大洲，那么人们会
感到震惊。不过，除了最浅显的知识点（白令海峡、恐龙……
或许包含泛大陆？），人们对地球悠久历史中的绝大多数事物并
不熟悉，而几乎无人在意这一点。绝大多数人，包括生活在富裕
且科技发达的国家中的人，对时间的尺度没有概念，例如地球历
史中恢宏篇章的**持续时间**、过去环境不稳定期之间的变化**速率**，
以及含地下水系统在内的自然资本（natural capital）的**固有时
间尺度**。作为地球上的一个物种，人类对自身出现之前的时间
怀有孩子气般的漠视与有失公允的质疑。由于对没有人类"主
角"的故事兴趣寥寥，许多人难以发现自然史的魅力。因此，
人类肆无忌惮，对时间缺少认知。如同经验不足却过于自信的
司机，我们加速驶入景观与生态系统，而对它们长期以来建立
的"交通秩序"毫无意识；当人类因无视自然法则而面临惩罚
时，我们就会表现出惊讶和愤怒。对地球历史的无知削弱了人

类对现代性所宣告的所有抱负。我们正莽撞地驶向未来，使用的时间概念像 14 世纪的世界地图一样原始，彼时的人们还认为地球是平的，而且有巨龙潜伏在世界的尽头。如今，厌恶时间的巨龙依然存在，盘旋在一些令人意想不到的"栖息地"中。

在时间的众多"敌人"之中，年轻地球创造论（Young Earth creationism）①"喷火"最为猛烈，但至少该派反对的理由是显而易见的。在多年的大学执教生涯里，我遇见了一些具有福音派基督教背景的学生，他们真挚地想要在自己的信仰与对地球的科学认知之间寻求平衡，并为此苦恼不已。深感于他们的痛苦，我试图为解决这种内在矛盾指明路径。首先，我需要强调一点，我的工作并非挑战他们的个人信仰，而是教授"地质学的逻辑"（"logic of geology"若简写成"geo-logic"，合起来便是 geologic，即"地质学的"）。地质学的研究方法和工具不仅能够使我们理解地球目前的运作方式，而且能够让我们详细地记录地球复杂且令人惊叹的历史。对于部分学生而言，通过这种方式可以有效地将科学与宗教信仰分离开来。然而，更常见的情况是，随着他们学会独立解读岩石和景观，这两种世界观似乎越来越难以相容。为了开导这部分学生，我借鉴了笛卡尔在《沉思录》（*Meditations*）中表达的一个观点：他的"存在"究竟是真实的，还是由邪魔或上帝精心创作的幻觉。[1]

在地质学入门课程的早期阶段，学生们就会明白"岩石"并非名词，而是动词，因为其见证了各种地质过程的演化，如

———————————

① 该理论认为，依据圣经，上帝在 6 日内创造了宇宙，因此地球的年龄较小（通常被认为是 6 000 年）。——译者注

火山爆发、珊瑚礁的堆积与山脉的生长。人类目光所及之处，岩石是历史长河中各类地质事件留存下来的证据。在过去200多年里，全球各地的岩石所讲述的区域性故事被逐渐地整合在了一起，织就了一幅壮丽的地球图景——地质年代表。这幅展现了"深时"（Deep Time）概念的图表是人类智慧最伟大的结晶之一，由来自不同文化和信仰的地层学家、古生物学家、地球化学家和地质年代学家辛苦构建而成。这是一项仍在完善的工作，地质学家们不断地增补细节，并进行越来越精细的校准。到目前为止，200多年间尚未有人发现年代不符的岩石或化石，正如生物学家 J. B. S. 霍尔丹（J. B. S. Haldane）所说的"前寒武纪的兔子"[2]。如果真的发现了这种化石，那就说明地质年代表的内在逻辑存在致命的矛盾。

如果一个人既认可由全球无数地质学家（其中许多人为石油公司服务）通力完成的工作的可信度，又笃信上帝为造物主，那么其可以选择接受以下观点中的一个：（1）地球古老且复杂，拥有恢宏的史诗，它在万古之前由一位仁慈的造物主驱动；（2）地球很年轻，仅仅在几千年前被一名狡诈的创造者捏造出来，其却在每一个角落和缝隙里，从化石层到锆石晶体，都埋藏了能证明这颗星球几十亿年历史的"虚假"物证，等待着人类进行野外勘探与实验室分析。哪一个观点听上去更为异端？结论是必然的。谨慎地说，与深远、丰富、宏大的地质故事相比，《创世记》版本简化得过于极端，以至于显得对上帝造物的过程不尊重。

虽然我同情努力解决神学问题的人，但我无法容忍那些躲在（具有可疑的充足资金的）宗教组织的庇护下，恶意传播令人迷惑的伪科学的人。伪科学横行的荒谬情景令我与同事们感到沮丧，例如肯塔基创造论博物馆（Kentucky's Creation Museum）的存在，以及当学生们搜索同位素测年法等信息时，"年轻地球创造论"网站出现的高频率。不过，我当时并未完全意识到"创造论科学"产业的策略与触角有多深远，直到我教过的一位学生提醒我，我自己的一篇论文（发表在一份只有"书呆子"地球物理学家才会阅读的期刊上）被"创造论研究所"（Institute for Creation Research）的网站引用了。论文的引用频率是科学界衡量科学家的一个标准，而绝大多数的科学家认同 P. T. 巴纳姆（P. T. Barnum）[①] 的观点，即"世界上不存在负面的曝光"；也就是说，引用次数越多越好，即便该学者的观点遭到反驳或挑战。然而，这次引用如同为备受鄙视的"喷子"在社交媒体上背书。

那篇文章探讨了挪威加里东造山带（Norwegian Caledonides）中的一些不寻常的变质岩。这些岩石内部的高密度矿物证明，当造山带形成时，它们正位于地下 50 多千米的地壳深处。奇怪的是，此类变质岩呈透镜状和豆荚状穿插于岩体之中，而岩体并未转变为更致密的矿物形式。我与合作的研究人员提出，因为原岩极度干燥，抑制了再结晶过程，所以变质作用并不均一。我们认为，这些含有低密度矿物的岩石可能以不稳定的状态在地壳深处存在了一段时间，直至某次或多次大地震使岩石破裂，流体进入了岩石内部，并在局部触发了长期以来被抑制

10

① 美国知名的马戏团经纪人与表演者，被誉为"马戏之王"。——译者注

的变质作用。借助一些理论限制因素，我们认为在这种情况下，不均一的变质作用可能发生在数千年或数万年间，而不是发生在更典型的构造环境下的数十万年至数百万年之间。"创造论研究所"的某个人抓住了这个"快速变质作用的证据"，并加以引用。然而，其完全忽略了一个事实，即这些岩石约有 10 亿年的历史，而且加里东造山带大约形成于 4 亿年前。我震惊地意识到，有人拥有足够的时间、训练和动机，在浩瀚的文献之海中搜寻看似支持年轻地球创造论的科学发现。其背后或许有资金的支持，想必酬劳是十分丰厚的。

11　　故意用伪造的自然史来迷惑公众的人与强大的宗教团体共谋，宣传那些为满足私利或政治目的的学说。作为一名美国中西部人，我的脾气比较友善，但他们触犯了我的底线。我很想说："你们不配使用化石燃料（或者塑料），因为石油的勘探全部依赖于对地质年代沉积记录的缜密认知。你们也没资格享受现代医学的成果，因为绝大多数的医药、医疗和外科手术的进展都需要在老鼠身上进行试验。要知道，从生物演化的角度来说，老鼠是人类的近亲。你们可以沉迷于任何你们喜欢的关于地球历史的神话，但如此一来，你们只配依靠那种世界观对应的技术生活。请不要再用倒退的思维来戕害下一代人的头脑。"（天哪！说出来后我感觉好多了。）

　　一些宗教派别对时间的错误认知具有"对称性"，即不仅相信一个被阉割了的地质史，而且笃信一个被大为缩短的未来，认为末世即将来临。对世界末日的痴迷看似是一种无害的妄想——拿着警示牌、身着长袍的孤独男子是卡通片里的老生常谈，而且我们都经历过几次"被提"（Rapture）之日①，却毫发无损。然而，如果支持"末世论"的选民足够多，国家政策就会受到严重的影响。那些笃信世界末日即将到来的人可没有理由担心气候变化、地下水枯竭、生物多样性丧失³等问题。这是因为，如果没有未来，任何形式的"节约"都是"浪费"。

虽然这些专业的年轻地球主义者、创造论者和末世论者令人极为恼火，但他们坦率地表明了自己的时间恐惧症。与此相比，一些更普遍且更具有腐蚀性的时间谬论则几乎难以察觉，深植于人类社会的根基之中。例如，根据经济学的逻辑，工资增加意味着劳动生产率必须提高。如此一来，耗费时间的工作（教育、护理与艺术表演）便构成了一个问题，因为这些工作无法显著地提高效率。在 21 世纪演奏海顿②的弦乐四重奏所花费的时间与 18 世纪时一样长；劳动生产率没有提高！该现象有时被称为"鲍莫尔病"（Baumol's disease），命名自最早描述这种悖论的经济学家③。⁴将该现象视作一种"病"的行为，在很大程度上揭示了我们对时间的态度，以及西方世界不重视过程、发展和成熟的价值观。

美国的财政年度和国会任期导致了一种狭隘的未来观。急功近利的短视者会得到红利和连任的奖励，而敢于正视我们对

①　圣经中提及，基督再临时，信徒会被提升天。——译者注
②　即弗朗茨·约瑟夫·海顿（Franz Joseph Haydn，1732—1809），维也纳古典乐派的奠基人之一，代表作有《四季》《伦敦交响曲》《G 大调第 88 号交响曲》等。——译者注
③　即美国经济学家威廉·鲍莫尔（William Baumol，1922—2017），著有《经济学：原理与政策》《好的资本主义，坏的资本主义》。——译者注

后代的责任的人，往往会发现自己曲高和寡、呼声微弱，并被赶下台。很少有现代公共机构会制订两年以上预算周期的计划。如今，即便是两年的计划似乎也超出了国会和州立法机构的能力，因为直到最后一刻才颁布临时开支政策的情形已经成为常态。然而，渴求长远发展的机构（如州立及国家公园、公共图书馆和大学）愈发被视作纳税人的负担（或者是尚待开发的企业赞助对象）。

为了国家的未来，保护自然资源（土壤、森林、水等）一度被认为是一项爱国事业，以及体现赤胆忠心的证据。但如今，消费和货币化却与良好公民（现在这一概念也包含企业）的概念混为一谈。实际上，**消费者**这个词或多或少已经成为**公民**的同义词，而大家似乎都无异议。"公民"意味着参与、贡献及互惠互让；而"消费者"只象征着索取，仿佛我们唯一的角色就是吞噬眼前的一切，如同蝗虫横扫麦田。虽然末世论可能遭人蔑视，但更普世的想法（实际上是经济信条），即消费水平能够且应该持续增长，同样是自欺欺人的。尽管人类对长远视野的需求变得更加急切，但我们注意力的持续时间正在缩短，因为我们都忙着在封闭又自恋的"当下"发短信和推文。

学术界也必须为此承担一些责任，因为它赋予了某些类型的研究特权，从而使一些隐晦的时间谬论传播开来。由于物理和化学这两门学科的研究工作可以做到精确量化，两者在学术追求中位于最高梯队。但是，要想如此精确地描述大自然的运作机制，必须将研究条件限定在高度受控的完全"不自然"的条件下，脱离任何特定的历史或时刻。物理与化学之所以被称为"纯"科学，是因为两者在本质上是纯粹的，不受时间的影响，只专注于寻求普遍的真理和永恒的法则。[5]就像柏拉图提出的"理型"（form），认为这些不朽的法则通常比它们的任一具体表现形式（如地球）都更为真实。相比之下，生物学和地质学领域在学术阶梯中处于较低的位置，因为两者经历了时间的反复冲刷，非常"不纯粹"，缺乏一锤定音的确定性。物理和化学定律显然适用于生物和岩石，但科学家们也能从生物和地质系统的运作方式中归纳出基本原理。不过，生物学与地质学的核心，是在宇宙这个特定角落的历史长河中孕育而生的独特又缤纷的生物、矿物和景观。

　　分子生物学利用"白大褂"实验室研究及其对医学的崇高贡献提升了生物学这门学科的地位。而"地位低下"的地质学从未获得其他科学那样显赫的声望。地质学未设立诺贝尔奖，没被列入高中的进阶先修课程（advanced placement program）①，公众形象陈旧乏味。这当然会让地质学家心生怨念。需要注意的是，当政客、企业 CEO 和普通公民亟须了解地球的历史、内部结构和运作机制时，这种情况会给社会带来严重的后果。

　　一方面，大众对一门学科的价值判断会对其获得的资金支持造成深远的影响。由于基础地质调查的经费有限，一些研究早期地球的地球化学家及分析最古老的生物化石遗迹的古生物学家，巧妙地将自己塑造成"天体生物学家"（astrobiologist），

14

––––––––––

① 这是美国大学入学考试委员会与教育测验服务中心在全国推行的一项计划，目的是使优秀高中学生在中学阶段能提前学习某些高等学校课程，并得到相关高等学校的承认。——译者注

以便搭乘美国国家航空航天局项目的东风；这些项目旨在研究太阳系的其他区域或更远处存在生命的可能性。虽然我钦佩这种精明的策略，但令人沮丧的是，地质学家必须用天花乱坠的太空计划来包装自己的研究，才能让立法者或公众对他们身处的星球感兴趣。

另一方面，其他领域的科学家对地质学的无知与漠视会对环境造成严重的影响。物理学、化学和工程学在冷战时期取得了巨大的进展（核技术的发展；新型塑料、农药、化肥和制冷剂的合成；农业的机械化；高速公路的扩建），开辟了一个空前繁荣的时代，但也遗留下了地下水污染、臭氧层破坏、土壤侵蚀和生物多样性丧失、气候变化等严峻的问题，后人须为此付出代价。从某种程度上来说，这些成就背后的科学家和工程师不应被指责；如果一个人被训练成以高度简化的方式来思考自然系统，剥离细节以使理想化的定律适用，而且其对这些系统遭受的影响如何随着时间的推移而演化毫无经验，那么这些人为干预所造成的不良后果将令人震惊。坦白讲，在20世纪70年代之前，地球科学本身尚未形成一套完善的分析工具，无法将复杂自然系统在十年到百年时间尺度上的运作方式概念化。

到目前为止，我们应该已经认识到，把这颗行星当作受控实验中的一个简单、可预测、受人摆布的物体，在科学上是不可原谅的。然而，人类陈旧的无视时间的傲慢使得气候工程（有时被称为地球工程）这一诱人的想法在某些学术圈和政治圈里获得了支持。最常讨论的冷却地球又无须减少温室气体排放的方法是，将能够反射光线的硫酸盐气溶胶粒子注入平流层

（高层大气），以此模拟大型火山喷发的效果——曾使地球暂时降温。例如，1991年菲律宾的皮纳图博火山（Mount Pinatubo）喷发，导致全球气温持续上升的趋势暂缓了两年。这种"地球修复工程"的主要倡导者是物理学家和经济学家，他们认为该操作花费少、有效、在技术上可行，并用"太阳辐射管理"（Solar Radiation Management）这个无公害又听起来近乎官僚的名字进行宣传。[6]

不过，绝大多数的地球科学家敏锐地意识到，对于错综复杂的自然系统而言，即使是微小的变化，也会产生巨大且意想不到的后果。因此，他们对气候工程深表怀疑。若想扭转全球气候变暖的局面，注入的硫酸盐的量要相当于皮纳图博那种大型火山每隔几年就喷发一次（至少要持续到下个世纪）的效果；一旦在温室气体水平没有显著降低的情况下停止注入，全球气温就会突然飙升，这很可能超出了生物圈中大部分生物的适应能力。更糟糕的是，这种方法的有效性会随着时间的推移而减弱，因为随着平流层中硫酸盐浓度的增加，微小的粒子会聚并成更大的粒子；这些粒子的反光能力更差，在大气层中的滞留时间也更短。最重要的是，即便全球气温可能出现了净下降，我们也无法确切地知道区域或局部的天气系统会遭受何种影响。（顺便说一句，我们没有国际管理机制来监督和规范全球范围内的大气工程。）

换句话说，是时候了，所有的学科都应该采用地质学的方式来尊重时间，及其转化、破坏、更新、扩大、侵蚀、繁殖、盘结、创新和灭绝事物的能力。对深时的探究可以说是地质学

16

单枪匹马为人类做出的最伟大的贡献。就像显微镜和望远镜把人类的视野扩展到了曾经无法看到的微小与巨大的空间领域中一样，地质学提供了一个镜头，让我们能够以一种超越人类经验限制的方式见证时间。

不过，地质学同样要为公众对时间的错误认知负责。自 19 世纪初这一学科诞生以来，地质学家（本能地对年轻地球创造论持有戒心）反复强调，地质过程以超乎想象的缓慢速度进行，以及地质变化只会在相当漫长的时间后显现。此外，地质学教科书总是（近乎愉快地）指出，如果将地球的 45 亿年换算成 1 天的 24 小时，那么整个人类历史出现在午夜前的最后几分之一秒内。然而，用这种方式来理解人类在时间中的位置是刚愎自用的，甚至是不负责任的。首先，此种比喻暗示了人类在某种程度上无关紧要又无能为力，这不仅从心理层面疏远了人类与地球之间的关系，还会让我们忽视了人类在那几分之一秒内对地球造成的影响。其次，该比喻否定了人类与地球历史的深层根源和永久的密切关系；虽然人类这一物种可能直到 24 点钟声敲响的前一瞬间才出现，但庞大的生物家族早在清晨 6 点就已存在。最后，这种比喻颇具末世论的意味，即没有未来——午夜之后地球上会发生什么？

认识时间只是时间问题

虽然我们人类可能永远不会停止对时间的担忧，并学会爱上它［套用《奇爱博士》（*Dr. Strangelove*）的副片名[①]］，但或许我们可以在时间恐惧症与"恋时间情结"（chronophilia）之间找到平衡，习惯于"时间无处不在"——清楚地认识到人类在时间中的位置。这既包括人类出现之前的悠久过往，也包含没有人类参与的未来。

"时间无处不在"包括感受深时中地理景观之间的距离远近。只聚焦于地球的年龄，如同用总节拍数来描述一首交响曲。没有时间，交响曲只是一堆声音，是音符的持续时间和主旋律的重复赋予了乐曲结构。与此类似，地球历史的恢宏之处是众多的地质作用逐渐进行并紧密结合在一起的节奏，各种简短的动机（motif）在音调上飞驰，在整个地球历史的跨度上产生共鸣。我们正意识到，许多地质作用进行的速度并非像前人认为的那样**极其缓慢**（larghissimo）；山脉以如今可以实时测量的速度增长，而气候系统的加速变化甚至让研究了几十年的专业人士都深感惊讶。

不过，让我感到欣慰的是，我们所居住的这颗星球极为古老、坚韧，而非年轻、未经历练，抑或可能十分脆弱。作为地球公民，我的日常生活也因意识到缤纷的地貌与生物的长久存在而变得丰富多彩。理解某种特定景观的形态成因，如同学习一个普通单词的词源，令人豁然开朗。时间之窗徐徐开启，照亮了遥远却仍可辨认的过去——几乎就像记起了一些早已遗忘的事物。这赋予了世界多重意义，改变了我们感知自身位置的

18

———————————

[①]　"我如何停止担忧并爱上炸弹"（How I Learned to Stop Worrying and Love the Bomb）。——译者注

方式。虽然我们可能会因虚荣心、对存在的焦虑或恃才傲物而强烈地抗拒时间，但无视人类在地球历史中的暂时性便是贬低自己。虽然关于永恒的幻想可能令人着迷，但"时间无处不在"蕴含着更深刻且更神秘的美景。

全书概览

撰写本书时，我怀有一种信念（或许很天真）：如果更多的人了解了人类作为地球居民所拥有的共同的历史与命运，那么我们也许会善待彼此和这颗星球。当世界因宗教教条与政治敌视而愈发分崩离析之时，人类似乎不太可能找到一种共通的哲学或制定一份原则清单，让所有派别坐到谈判桌前开诚布公地讨论日益棘手的环境、社会和经济问题。

然而，地质学是人类共同的遗产，这门学科可能会让我们以一种全新的视角重新思考这些问题。事实上，自然科学家已经扮演了"非官方外交大使"的角色。他们的经历证明，来自发达国家和发展中国家、社会主义国家和资本主义国家、神权国家和民主国家的人们，可以通过合作、辩论、反对等过程达成共识。这是因为，我们都是地球的公民，地质构造、水文和大气的运作方式并无国界之分。也许，只是也许，饱经沧桑的地球能够提供一份中立的"陈述"，让所有国家以史为鉴。

在后续章节中，我希望表述出可改变世人固有思维的时间观念，以及浸透着地质学思想的地球演化史。或许你难以确切

19

地理解地质年代的恢宏，但你至少会对它的尺度形成一定的认知。我的一位数学教授曾喜欢在课堂上提醒学生："无穷这一概念拥有多种尺度和形态。"地质年代与此类似。虽然它本身并非无限，但从人类的视角来看，它是无限的。不过，"深时"之海有不同的深度——从末次冰期的浅海，到太古宙（Archean Eon）的深渊。第二章讲述了地质学家绘制"时间海洋"的过程：先是依据化石记录进行定性分析；然后通过天然放射性来提高定量分析的精度（此处是本书中最专业的部分；如果你对同位素地球化学不感兴趣，那么可以跳过细节继续阅读，不必感到内疚或者担心内容不连贯）。地质年代表是一项凝聚了全球地质科学家心血的非凡成就，且一直在完善，但它尚未得到充分的重视。本书的附录Ⅰ为简化版本的地质年代表，以供参考。

第三章讲述了固态地球的内在节奏——地质构造与地貌的演化步伐，以及地质学观点如何使得人们不再相信地形特征是亘古不变的。地质过程可能进行得十分缓慢，但它们并未超出人类的感知范围。从"记录地球律动"中得出的最重要的见解之一便是，各种类型的自然过程，从山脉的发育到侵蚀，再到演化方面的适应，虽然具有不同的驱动力，但彼此的演变速率非常匹配。附录Ⅱ的几张图表总结了多种地质现象的持续时间、变化速率与重现周期。

第四章则讲述了大气的演化过程，以及地质史上环境剧变与生物大灭绝期间大气组成的变化速率。回顾地球的历史，一种反复上演的情形是，当环境变化的速率超过生物圈的适应能力时，漫长的稳定期就突然结束了（只有一次可归咎于陨石）。

20

附录 Ⅲ 对比了史上八大环境危机的原因及后果，涵盖现在正发生的变化。

第五章以 19 世纪对更新世冰期的发现为开端，随后解释了现代人对气候变化的认知是如何逐渐形成的。更新世不仅仅是一个持续严寒的时代，其包含了 200 多万年的气候变迁；它还是进入距今 1 万年左右的全新世之前的过渡期，全新世的气候环境相对稳定，促使了现代人类文明的诞生。相比之下，当前环境的变化速率在地质年代中几乎前所未有，这是令人警醒的论据：我们正处于一个全新的地质年代，即人类世。

在最后一章中，我展望了地质学的未来，并描绘了建立一个更加稳固、开明、理解时间观念的社会的蓝图；这个社会能够根据跨越代际的时间尺度制定决策。完成这幅蓝图，只需要转变观念。对于身处北美洲的许多人来说，2017 年的日全食是一次颠覆性的人生体验，这一转瞬即逝的天象展现了人类在宇宙中的位置。同样地，地质学观测帮助我们窥探到了独特又妙趣横生的时间世界（我们居于其中，却难以得见）。纵然只是一瞥，也足以改变人类在地球上的生存体验。

时间地图集

　　虽然我们仅仅寄居在地球表面，被束缚于太空中的一个点，只存在了短短一瞬，但人类的头脑不仅能计算出凡人之眼所不能及的世界，还能追踪人类诞生之前的年代不明的各类事件。

　　　　　　　　——查尔斯·莱伊尔（Charles Lyell），《地质学原理》
　　　　　　　　（*Principles of Geology*），1830 年

像岩石一样思考

　　与许多地质学家一样，我踏入这门学科或多或少是出于偶然。在美国的大多数高中课程中，地球科学的地位不及物理、化学和生物；这门学科要么缺席，要么不属于重点科目。因此，进入大学的学生很少意识到地质学是一个成熟的学术领域，拥有其鲜活的知识文化。作为一名倾心于人文学科的大一新生，我选修了一门地质学入门课程，主要是为了满足科学类科目的学分要求。我对这门课程本无期望，毕竟它是美式足球队的体育生通常会选修的简单科学课。① 每周一次的野外考察至少能让

---

① 　地质学入门课俗称为 "rocks for jocks"。——编者注

我到校园外面转一转。出乎意料的是，我发现学习地质学需要运用一种"全脑思维"，那是我从未体验过的。在研究难以捉摸的火山、海洋与冰盖时，它创造性地借鉴了物理学和化学中的观点。地质学将研究文学与艺术的学术习惯，即精读实践、对典故和类比的敏感性，以及空间视觉化的能力，运用到了岩石身上。这种特殊的逻辑推理模式需要发散性思维，以及旺盛而训练有素的想象力。此外，地质学的探究能力是巨大的，它能解释世间万物的来源。我完全被迷住了。

22

有一种巧妙的隐喻可以形容地质学家是如何看待岩石与景观的，那就是"重写本"（palimpsest）。中世纪学者使用这一术语来描述某张被重复使用的羊皮纸，在每次书写新的文字前，须刮掉旧的墨水痕迹。由于墨迹总是难以完全清除，此前的文字痕迹得以留存。这些残留的墨迹可以通过 X 射线和各种照明技术来读取，而且在某些情况下，它们是某些远古文献（包括阿基米德极为重要的几部手稿）的唯一来源。同理，在地球上的每一处，即使新的篇章正在被书写，先前地质时代的遗迹仍然保留在地形的轮廓及下伏的岩石之中。地质学这门学科就像是一种能够"看到"地球书写在各个维度中的"文字"的光学器件。运用地质学的视角来思考，就是用思维之眼审视过去至未来的事物，不仅包括地表可见的景观，还包括地下存在的现象。

其他学科，尤其是宇宙学、天体物理学和演化生物学，也与"深时"[约翰·麦克菲（John McPhee）用其描述史前和考古前时代[1]]有关，但地质学的独特之处在于，它能够直接接触到见证深时的有形物体。地质学关注的并非时间本身的性质，而是它无与伦比的转化之力。在记载早期地球面貌的证据的过程中，地质学家率先发展出了一种直觉，即地球的时间是如此恢宏，尽管他们直到 20 世纪才找到测量时间的方法。

地球的年龄到底是大是小

　　在所有学科之中，地质学算是大器晚成。行星运动于 17 世纪得到了解释，热力学和电磁学定律于 19 世纪被提出，原子的奥秘则于 20 世纪初被破解，而这些科学发现都诞生在我们得知地球的年龄或对其行星尺度的行为产生任何明确的认知之前。这并非意味着地质学家一直都碌碌无为，而是表明，地球始终是一个难以捉摸的研究对象，这么近又那么远，让人无法清晰地探知它的面貌。在描述自然时，其他学科可以借助望远镜、显微镜、烧杯和钟罩取得巨大的进展；然而，地球既不能通过透镜来观察，也不能简化成室内实验。此外，对地球运作规律的解读，一直与我们作为人类的自我认知，以及我们所珍视的有关人类和其他创造物之间关系的故事密切相关。因此，我们很难退后一步，以清晰的视角来看待问题。

　　与其他科学学科相比，地质学更需要卓越的视觉化想象力，以及对大胆归纳推理的包容态度。例如，18 世纪的人是如何着手回答"地球的年龄是多少"这一问题的？在西方世界，绝大多数人没有理由挑战圣经中隐含的答案，即地球的年龄在 6 000 岁左右［1654 年，爱尔兰教会的大主教詹姆斯·厄谢尔（James

23

Ussher）以惊人的精度推算出了创世之日——公元前 4004 年
10 月 23 日，星期日]。然而，当我问 21 世纪的学生，若抛开
宗教的先入观念，以及他们学到的"45 亿年"这个数字，他们
会如何回答上述问题时，学生往往会说："嗯，找到最古老的岩
石，确定它们的年龄。"而后，他们会意识到这并非答案——如
何判断哪些岩石是最古老的？又如何判定它们的年龄呢？光是
开始研究这两个问题，就要倚仗现代地质学的整个体系。因此，
1789 年的一项地质学发现可谓意义非凡：一名苏格兰医生、乡
绅与自然哲学家在邓巴（Dunbar）附近海岸的岩石露头中洞悉
了地质年代的浩瀚。[2]

　　在海风肆虐的岬角西卡角（Siccar Point），赫顿（Hutton）[①]
注意到两个沉积岩层序（sequence）[②]之间是不连续的。以这个
不连续面为界，下部层序近乎垂直，而上部层序则更接近预期
的水平产状（见图 2）。许多人都见过这片岬角；所有坐船经行
此地的人都会谨慎地避开它，以免被撞击岩石的海浪卷入其中。
然而，赫顿能够发现，这些岩石不仅仅是航行的风险，还是已
消逝景观的鲜活记录者。对此，他提出了两个石破天惊且富有
洞察力的解释。第一，他认为下伏的垂直岩层代表先前的山脉，
该地的海相岩层由于地壳隆起而发生倾斜。第二，他认识到，
将两个层序分隔开来的界面代表了一个足以将山脉夷平的侵蚀
间隔，上覆岩层便是堆积在山脉残余岩层顶部的沉积物。

---

① 即詹姆斯·赫顿（1726—1797），常被称为"现代地质学之父"。——译者注
② 层序是指成因相关、走向和倾斜一致、在沉积上无明显间断的地层序列。——
译者注

赫顿基于对自家土地的侵蚀速度的估计，声称这种不连续的现象［现今被称为角度不整合（angular unconformity）］代表了一段极为漫长的侵蚀过程，与圣经中定义的地球年龄相比，该段时间几乎是无穷的。通过这种简单却极具突破性的估算，赫顿颠覆了彼时的主流观点，即地球的过去与现在分别由不同的"环境"主导，经历了"诺亚洪水"等灾难的动荡过往，已经让位于稳定的现今世界。假设地球只有几千年的历史，那么深受侵蚀的山谷与厚厚的沉积岩层只能用大规模的灾难性事件来解释。赫顿用地质学的基本思想，即**均变论**（uniformitarianism），取代了此前的世界观。均变论假设，当今正在进行的地质过程也以同样的方式发生于地史时期。

25

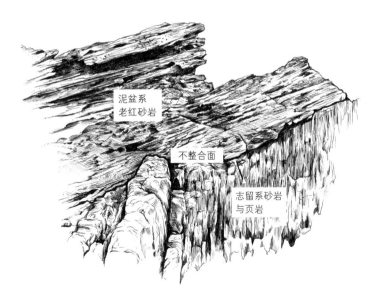

图 2　赫顿在苏格兰的西卡角发现的不整合面

然而，赫顿在地质学方面的想象驰骋得更为深远。他在出版于1789年的专著《地球理论》（*Theory of the Earth*）中提出了更大胆的概论。赫顿认为，地球上岩石的堆积、隆升、侵蚀和再生是无限循环的，可追溯到遥远又模糊的时代；而这种特殊的不整合现象只记录了其中的一次更迭。赫顿对"深时"的独特直觉（彻底改写了对地球过往的认识）开启了知识的大门，进而催生了现代地质学与生物学。赫顿的支持者查尔斯·莱伊尔更是通过其文采斐然的传世巨著《地质学原理》，将均变论提升为正统学说。如果没有赫顿与莱伊尔，查尔斯·达尔文（Charles Darwin）就无法领悟到时间的强大力量，即时间通过自然选择塑造生物。（在达尔文参加英国皇家海军"小猎犬"号探险队的五年里，莱伊尔强调的古老地球的观点一直在他的脑海中回荡；《地质学原理》第一卷也许是他随身携带的"小图书馆"中最重要的一本书。）不过，赫顿畅想的无限循环的迷人世界，在某种程度上是幻想，是一种抽象的概念，免除了重建地球传记细节这一更艰难且更繁复的工作。在希腊语中，"时间"具有两种表达方式：一种指单纯流逝的时间（chronos）；另一种则是在叙事中定义的时机（kairos）。赫顿让我们第一次窥探到了地球的时间，而标定时间及填补特定时机的工作耗费了地质学家们过去的两个世纪。

早期，将地质记录转换成地球历史的尝试基于这样一种观点，即各种特定类型的岩石会于过去的不同时期在全球各地形成。花岗岩、片麻岩等结晶岩被认为是最早的或"第一纪"（Primary）岩石；石灰岩、砂岩等层状岩石则是"第二纪"（Secondary）岩石；半胶结的砂砾沉积物被归为"第三纪"（Tertiary）；而松散的未胶结沉积物属于"第四纪"（Quaternary）。（奇怪的是，"第四纪"这一术语被保留在了现代的地质年代表中，"第三纪"一词只使用到了 20 世纪末。）然而，没有证据表明特定类型的岩石的年龄在世界范围内是相同的。

19 世纪初，世界上第一张经过良好校准的深时图表的初稿诞生。这归功于从事运河挖掘工作的威廉·史密斯（William Smith）的敏锐观察，他发现某些特定类型的贝壳化石以相同的顺序出现在英国各地的地层中（见图 3）。就像药盒帽（pillbox hat）与喇叭裤可作为特定年代的文化标志一样，**标志化石**（in-dex fossil）同样能够指示特定的地质年代。据此，地质学家可以将空间上不连续的地层联系起来；首先是在英国本地，而后跨过英吉利海峡，延伸到法国境内。在建立地质年代表的早期阶段，业余化石收藏家是必不可少的，如来自莱姆里吉斯（Lyme Regis）的著名的玛丽·安宁（Mary Anning）。她的故事在英文绕口令"She sells seashells"（她卖贝壳）中永远流传。旧有的观点认为，全球的岩层在本质上是相同的，而且岩层记录的地质事件（的成因）在世界范围内也是相同的；这种观点已然被摒弃。地球的漫长历史远比赫顿想象的复杂。不过，经过数十年艰苦的测绘、收集、分类、编目、统合（lumping）和分割（splitting），地质学家们最终发现，全球各地的沉积序列存在相关性。

以上工作的成果便是大众最为熟悉的地质年代表，由今至古分别为：新生代（Cenozoic Era），孕育了各式各样的哺乳动

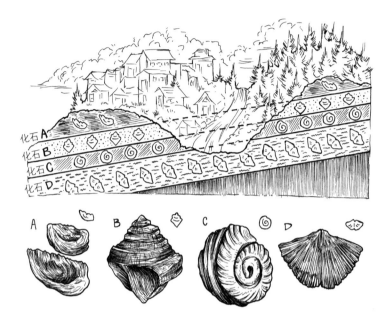

图 3　标志化石示意图

物；中生代（Mesozoic Era），发育令人生畏的爬行动物；古生代（Paleozoic Era），遍布阴暗的成煤沼泽、呼吸急促的肺鱼和疾行的三叶虫。大量丰富的化石生命形式使得每个代（era）可进一步被划分为纪（period），纪又细分为世（epoch），世再分为期（age）。然而，在古生代岩石底部的贝壳层之下，寒武纪（Cambrian Period）的地层下方，岩石变得"沉默"——没有发现化石。生命似乎是在寒武纪期间突然出现的，这一谜团令达尔文苦恼不已。可见的化石是维多利亚时代的地质学家用来划分地质年代的工具，但由于没有发现化石，这些最古老的岩石便成为解不开的"死结"。于是，它们被笼统地归入"前寒武纪"（Precambrian）。此后，地质学家花了一个世纪的时间才认识到，前寒武纪实则孕育了大量的生命，而且该时期占据了地球历史近90%的时间。

我认为，19世纪下半叶是地质学的"黑暗时代"。

赫顿先提出了一个关于自我更新的地球的卓越远见；之后，莱伊尔发表了启发性的专著，阐述了地质学这门新科学如何让"追溯无限久远的年代的事件"变为可能；此外，达尔文将生物学与地质学观测结果绝妙地整合在了一起。然而，在这之后，多种内外力共同延缓了地质学的发展势头。其中包括倔强的物理学家开尔文勋爵威廉·汤姆森（William Thomson，Lord Kelvin，1824—1907）。在达尔文出版《物种起源》后不久，开尔文勋爵对地质学产生了兴趣。作为热力学领域的权威人物，开尔文勋爵顺理成章地攻击赫顿的观点，即地球是无限古老的（如同永动机）。这种观点违反了开尔文勋爵提出的热力学第二定律。不过，他尤为猛烈地攻击了达尔文在《物种起源》第一版中对地球最低年龄的估算过于粗略，这表明以上动机并非完全出于科学目的。

达尔文对遗传的实际机制完全不了解，但不知何故，他竟然意识到了，自然选择导致的演化需要数亿年至数十亿年才能形成他观察到的现存生物与化石生命形式的多样性。达尔文感知到了地质时间的恢宏，这种直觉确实非同凡响，但他在《物种起源》中加入了一个判断欠佳的量化尝试，这削弱了其直觉的准确性。与赫顿一样，达尔文也将侵蚀速率当作时间流逝的量度指标。然而，他大大低估了英格兰河流塑造景观的力量，

29

认为威尔德（Weald）地区河谷的形成需要约 3 亿年的时间（该数字过大了，至少是实际数据的 100 倍）。由于形成谷壁的岩石年龄更大，但也是该地区最年轻的岩石之一，所以达尔文推测地球本身可能具有 10 亿年以上的历史。他的结论惊人地正确，但在《物种起源》这一构思精巧的典范之作中，该结论尚不成熟、易被推翻。

自 19 世纪 60 年代初起，开尔文发表了一系列论文。在这些论文中，他以地球传导冷却速率和太阳寿命的假设为基础，采用了当时最先进的物理学知识来估算地球的年龄。1864 年至 1897 年间，他对地球年龄的判断从几亿年缩减至区区 2 000 万年。由于开尔文投入地质学研究的时间持续缩短，一些曾经受挫的地质学家试图重新掌控这个问题的主导权；他们进行了独立的估算，将寒武纪至今所有已知的地层的厚度相加，然后用总和除以一个假设的沉积速率。通过这种方法得出的地球年龄介于数亿年到数十亿年之间，但其中涉及大量的不确定性，使得该结果难以被认可。少数能够理解开尔文计算方法的年轻物理学家则开始质疑他的框架假设（几十年后，这些假设确实被证明是错误的），但他们不愿招惹这位彼时的顶尖科学家。勇敢的化学家约翰·乔利（John Joly，之后发明了彩色摄影术）提出，海水中的钠含量可以用作地球年龄的**指标**或替代值。他的假设（同样是错误的）认为，随着时间推移，河流会将陆地岩石中的一部分元素溶解并输送到海洋里，从而导致海水的含盐量逐渐增加。根据河水中溶解的钠元素的代表值，乔利估算地球的年龄为 1 亿年，为输给开尔文勋爵的地质学家们扳回一局。[3]

达尔文晚年将开尔文称为"极度劳神的冤家"。达尔文于1882年逝世，毕生事业上的各种不确定性令他忧心忡忡，尽管他骨子里对自己的成果确信无疑。事实证明，20世纪的物理学进展最终驳斥了开尔文的论点，但他的真正意图在他当选为英国科学促进协会（British Association for the Advancement of Science）主席时的演讲中表现得很清楚："我始终认为，如果生物学中存在演化，那么自然选择这一假设并不包含真正的演化理论。……整个世界由智慧与仁慈设计而成，我们的周围到处是极其有力的证据……它们教导我们，所有生灵都依赖于一位永恒的造物主与统治者。"[4]

与查尔斯一起享受茶歇时光

在历史上，"地质时间究竟持续了多久"这个问题对达尔文的影响可能远比对其他人要深。每当想到他在生命的最后几十年里一定因心智上的冲突遭了不少罪时，我就会对他产生强烈的怜悯之心。为了纪念达尔文200周年诞辰，我在任教大学的图书馆里组织了一场持续了一整天的《物种起源》读书会。几十名教职工和学生轮流朗读20分钟，每小时休息一阵，并进行简短的讨论。

这次活动在铺着木制地板的善本室内举办，复古环境与活动的主题相配。我们提供茶与司康饼配柑橘酱，一些与会者甚至穿着维多利亚时代的服装现身。虽然我知道这将是一场智力

31

盛会，但我没有料到这个活动也会成为一段动人心扉的经历。一天下来，不断地聆听众人高声朗读达尔文的话语，内心极为动容。通过科学家和音乐家、哲学家和经济学家，或年轻、或中年、或年长的男女与会者，达尔文极具人文色彩的"声音"得以被"听见"：他为自然界中最微小的细节所表现出的欣喜，他作为一名科学家所具备的严谨态度（几位听众在讲到繁殖鸽子的冗长章节时睡着了），他身为"学术革命者"的胆怯与无奈，以及最触动人心的，他的极度自我怀疑和对完全可预料的攻击的成竹在胸。《物种起源》谦恭、有条理（而且常常冗长乏味）地解释了一种观点。达尔文坚信该观点是正确的，也料到它会遭受猛烈的批评。然而，他似乎并不认为地质时间的问题会成为学术异议之一。在第九章中，他写道："未来的历史学家会意识到，查尔斯·莱伊尔爵士的巨著《地质学原理》在自然科学领域掀起了一场革命。然而，能读懂该书却不承认过往的地质时间是多么浩渺的人，可以立刻合上它了。"

到了这场马拉松式读书会的尾声，达尔文似乎与我们共处一室，我产生了一种强烈的超脱逻辑的愿望，想和他谈谈。我回忆起了挂在伦敦国家肖像艺术馆（National Portrait Gallery）中的一幅达尔文老年时的画像。它描绘了一个佝偻、目光哀伤的男人，在我看来，他的身体几乎是被彼时有限的知识束缚住了。我渴望告诉他，他那简明的观点如何神奇地结出硕果，日趋成熟，启迪了无数的新领域。此外，我想与他分享一个科学进展，以此抚慰他的困扰 —— 地球**的确是**古老的。

岩石记录了时间

关于地球年龄的争论，不仅伤害了达尔文，也对地质学造成了持久的损害。当物理学结论似乎与愈发详细的地球漫长历史的记录相左时，一些地质学家公开声明，地质学必须与其他学科割裂开来，成为一个完全独立的研究领域，追求自己的研究方法。虽然地质学与物理学的僵局进一步恶化是可以理解的，但遗憾的是，这影响了几代地质学家的教育方式，并让这门学科倒退了几十年。例如，对物理学的厌恶和对那些未受专业训练的地质学家的不信任，导致地质学曾长期顽固地否定大陆漂移的证据。1915 年，德国气象学家阿尔弗雷德·魏格纳（Alfred Wegener）通过记录详尽的证据表明，地球上的大陆板块曾经连成一个超级大陆，即泛大陆（Pangaea）。然而，由于魏格纳缺乏地质学方面的资历（加上美国和英国在第一次世界大战期间憎恶所有与德国有关的事物），他的观点一直为地质学界所不齿，直到 20 世纪 60 年代板块构造学说撼动了学术圈。

不过，在 20 世纪的头几年里，物理学界的一场革命终于提供了工具，带领地质学从维多利亚时代的迷宫中走了出来。1897 年，亨利·贝克勒耳（Henri Becquerel）意外发现了放射性现象。仅仅 10 年后，放射性技术就已经被用来确定岩石的年龄。到了 1902 年，巴黎的玛丽·居里（Marie Curie）与剑桥的欧内斯特·卢瑟福（Ernest Rutherford）通过研究表明，放射性衰变（radioactive decay）如同天然"炼金术"；在该过程中，一些元素（如铀）在转化成其他元素（如铅）时会自发地释放

33

能量，而且释放能量的速率很稳定，与第一种元素的剩余量成比例。如今认为，元素的种类通常由原子核中的质子数来定义，特定元素拥有多种**同位素**（isotope），这些同位素的质子数相同，但中子数不同。一些**母体同位素**（parent isotope）会衰变为其他元素的**子体同位素**（daughter isotope）。然而，在那个年代，原子的结构依然成谜；直到1911年，卢瑟福才发现原子核，同位素的概念则是再晚几年才出现的。

1905年，卢瑟福证明放射性现象是一个呈指数衰变的过程，而且他立即意识到，放射性可用作天然时钟来确定含铀岩石的年龄。然而，着手测定首批绝对地质年代的人，却是帝国理工学院（Imperial College）年少有为的18岁物理系学生阿瑟·霍姆斯（Arthur Holmes）[5]。自1908年（开尔文勋爵去世一年后）起，霍姆斯开始寻找合适的岩石样品，而后分离矿物（特别是锆石）。彼时，人们已经知道锆石在结晶时含有铀（U），但不含铅（Pb）。然后，他需要确定这种矿物中铀和铅的相对浓度，并使用卢瑟福的放射性衰变律（该定律将放射性以时间函数的形式量化）来判定矿物结晶后经过了多少年的时间。[6]

数学运算非常简单，只需要两个数据：（1）子体同位素/母体同位素（Pb/U），该值随岩石年龄的增长而变大，与母体物质的（不可知的）原始数量无关（见表2-1）；（2）母体同位素的衰变常数，该常数本质上指任意给定原子在一定时间内的衰变概率，类似于某人在任意一年内中彩票的机会。因此，衰变常数的单位是1/时间。卢瑟福曾根据一定时间内从大量铀中探测到的放射物的数量，估算出了铀的衰变常数。衰变常数与我们

表 2-1　放射性衰变计算简表

结晶后的半衰期次数	样品 1: 母体同位素的初始量 =100			样品 2: 母体同位素的初始量 =32		
	母体同位素的量	子体同位素的量	子体同位素 / 母体同位素	母体同位素的量	子体同位素的量	子体同位素 / 母体同位素
0	100	0	0	32	0	0
1	50	50	1	16	16	1
2	25	75	3	8	24	3
3	12.5	87.5	7	4	28	7
4	6.25	93.75	15	2	30	15

注："子体同位素 / 母体同位素"是确定矿物年龄的关键，与母体物质的原始数量无关。

更熟悉的半衰期（一半的母体同位素衰变为子体同位素所需的时间）成反比。换句话说，衰变常数小（中彩票的概率低），意味着半衰期长（等待致富的时间长）；衰变常数大，则半衰期短（天降横财！）。

到了 1911 年，虽然对放射性现象只有初步的认识，而且实验设施相当简陋，但阿瑟·霍姆斯已经测定了 6 个火成岩（igneous rocks）[①]的绝对年龄（absolute age）。这些火成岩的相对年龄（relative age）在以化石为基础编排的地质年代表上对应着其与沉积岩之间的关系。其中 3 个样品取自含有化石的古生代，其余 3 个样品则属于尚不分明的前寒武纪。尽管霍姆斯测量的一部分铅元素并非来自母体铀元素的衰变，而是来自另一种放射性元素钍（Th），但他所测定的年代仍与现代测量值惊人地相近（偏差在数千万年之内）。

第一块被分析的岩石是来自挪威的花岗岩，形成于泥盆纪（Devonian Period）（判定依据是，其与富含化石的沉积地层呈横截关系）；测得的岩石年龄约为 3.7 亿年，是开尔文估算的地球年龄的 18 倍。经过测量，来自锡兰（今称斯里兰卡）的前寒武纪片麻岩（变质岩）可追溯至 16.4 亿年前，年龄几乎是开尔文估测的地球年龄的 100 倍。达尔文的直觉得到了验证。此后，霍姆斯成为 20 世纪最杰出的地质学家之一。开尔文长期宣扬的观点立刻被摒弃，因为放射性现象不仅提供了直接测定岩石年龄的方法，而且是地球的内部热源之一，但他在计算地球的

36

---

① 火成岩又称岩浆岩，是三种主要岩石之一，另外两种为沉积岩和变质岩。——编者注

冷却速率时并未考虑到这一因素。（多年后，霍姆斯质疑了开尔文的另一组基本假设；霍姆斯认为地球的冷却方式主要是对流散热，而非传导散热。）最重要的是，如今地质年代表可以被校准。我们甚至能够探测到地质年代的最"深"处；前寒武纪将不再是未知的原始荒野。

沉积物杂谈

实际上，当时距离地质年代学（geochronology，研究地球的年代）这门新学科的成熟，尚有几十年的时间。若想将放射性同位素用作高精度地质"时钟"，就要借助核物理学、宇宙化学（cosmochemistry，研究元素在恒星中的起源）、岩石学（petrology，主要研究岩浆岩与变质岩）、矿物学方面的技术进展，以及先进的分析仪器，尤其是能够在一种元素的多种同位素中进行区分的质谱仪。此外，存在一个重要的问题，即维多利亚时代的地质学家们煞费苦心建立的地质年代表（用化石界定地质年代）完全是以沉积岩为基础的。而通过同位素测年法得出的时间无法反映沉积物的年龄，只能指示原岩（岩浆岩或变质岩）的结晶时间；沉积物中的碎屑由此而来。因此，要想在依据化石绘制的地质年代表上标明绝对年龄，就得凭运气找到一些特殊的露头。在这些露头处，**生物地层年龄**（biostratigraphic age）受到限制的沉积岩碰巧被岩浆岩包裹或切割，如此一来，同位素年龄可与化石记录直接匹配（见图 4）。火山灰层便是实

37

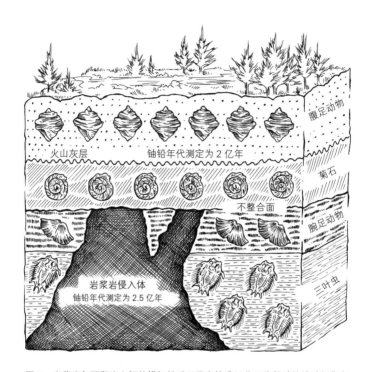

图 4　岩浆岩与沉积岩之间的横切关系可用来校准以化石为基础的地质年代表

现这一目的的理想露头，因为它们代表了在某一地质时刻，从空中落下的新形成的岩浆岩结晶，与彼时的沉积物和古生物交叠在了一起。

　　沉积岩地层中的火山灰层揭示了一个不易察觉但基础的观点，关于岩石是如何记录地球历史的。在欣赏科罗拉多大峡谷中壮观的层状岩石时，人们往往会想象，岩层依照降雪的形式一层一层叠加起来，在一段明确的时间内，一下子覆盖一片特定的区域。然而，这并不一定是解读岩层成因的正确方式。不妨想想形成于奥陶纪（Ordovician Period）的圣彼得砂岩（St.

38

Peter Sandstone），这片洁白动人、几乎不含杂质的石英砂岩沿着河谷露出，露头涉及明尼苏达州、艾奥瓦州、威斯康星州和伊利诺伊州北部。圣彼得砂岩在明尼阿波利斯（Minneapolis）的明尼哈哈瀑布（Minnehaha Falls）处造就了风景如画的山谷。几十年来，这片石英砂岩一直是圣保罗（Saint Paul）的福特工厂生产车窗玻璃的原料（二氧化硅）。在美国的禁酒令时期，密西西比河沿岸天然的圣彼得砂岩洞穴被人为扩建成纵横交织的洞窟网络，双子城（指圣保罗与明尼阿波利斯）的地下酒吧与秘密酒库便建于其中。

圣彼得砂岩易碎，甚至难以被称为"岩石"。当它在手掌中碎裂成均一的浑圆颗粒时，我们很容易看出，这种石英砂岩是由古老海滩上的沙子组成的。不过，圣彼得砂岩分布于四个州的地表，而且钻井结果显示，其延伸到了密歇根州、印第安纳州和俄亥俄州的地下。没有一片海滩能够在某个特定的时期覆盖如此广阔的区域。然而，圣彼得砂岩记录下了数百万年间海滩随着古老浅海的涨落在地表逐渐迁移的过程。在奥陶纪的某一天，阿巴拉契亚山脉（幼年期）中的一座超级火山喷发了，形成的火山灰云移动了数百千米，从北美洲大陆中部的海域上空落下，在该地区留下了一层薄薄的绿色黏土，如同覆上了一篇注明日期的日记。在一些地区，火山灰层出现在圣彼得砂岩的顶部附近；而在另一些地区，圣彼得砂岩却在火山灰层以下很深的地方，说明砂岩早在火山喷发之前就被其他沉积物掩埋了。因此，虽然圣彼得砂岩的确绵延了数百千米，但它在各地的年龄并不一样。主流的观点是，除了标记区域性或全球性突

发事件（如大规模火山喷发或陨石撞击）的地层，横向延展的
沉积单元（sedimentary unit）并不具有严格意义上的**等时性**
（isochronous），即它们标记的并非同一时刻。相反，它们记录
了地球表面的沉积环境随着海平面和环境条件的改变而缓慢演
化的过程。用地质学术语来说，这些沉积单元具有**穿时性**（dia-
chronous），即它们横跨时间。

管理地球时间的人

时至今日，地质年代表不仅仅是一张图表或多卷专著，而
是一个庞大的数字化数据库，由强大的国际地层委员会（Inter-
national Commission on Stratigraphy，简称 ICS）管理。国际地
层委员会是国际地质科学联盟（International Union of Geological
Sciences）中最悠久且最重要的机构。ICS 对地质单元的命名和
定义有严格的规定，并对露头、岩层、化石、同位素年龄、地
球化学数据和分析协议进行编目，以期用越来越高的分辨率不
断完善地质年代表的绘制。

自 20 世纪 70 年代以来，ICS 一直在世界各地寻找特定的点
位，以此作为划分各地质年代界线的国际标准。这种露头的正
规名称为"全球界线层型剖面和点位"（Global Boundary Strati-
graphic Section and Point，简称 GSSP），但地质学家将之俗称
为"金钉子"。这些点位必须具有出露完好的岩层和跨越两个地
质年代之间界线的生物地层学标准化石；所在地必须保护良好，

免遭开发或破坏。对"金钉子"所在地的描述，往往详细、迷人且独树一帜。例如，标志着晚白垩世（Upper Cretaceous）塞诺曼期（Cenomanian Age）界线的"金钉子"露头，位于法国境内的阿尔卑斯山脉的高处，始于"里苏山（Mont Risou）南侧的蓝色泥灰岩层（Marnes Bleues Formation）顶部以下 36 米处"。[7]

40

地质年代表中的基本时间单位（宙、代、纪）主要由 19 世纪英国地质学家的研究成果定义，古生代中各个纪的名称则强烈地反映了这种地域因素的影响：寒武纪的"Cambrian"，来自威尔士的拉丁语名称"Cambria"；泥盆纪的"Devonian"，源自以奶油茶点①闻名的德文郡（Devonshire）；石炭纪的"Carboniferous"②，取自英格兰北部的含煤岩系。不过，细分的下属时间单位（世、期）中的各名称，则揭示了后续绘制地质年代表这项大工程的国际化性质：寒武纪的江山期（Jiangshanian Age）和古丈期（Guzhangian Age）；③泥盆纪的艾费尔期（Eifelian Age）④和布拉格期（Pragian Age）；石炭纪的莫斯科期（Moscovian Age）和巴什基尔期（Bashkirian Age）。在"地球过往时间"这一领域中，ICS 扮演了"联合国"的角色，管辖着地质年代。

ICS 有些吹毛求疵，坚守着地质年代（时间）与年代地层（岩石）之间细微却重要的区别。地质年代可划分为宙、代、

---

① "奶油茶点"指"cream tea"，是英格兰西南部的一种传统下午茶，包含茶、司康饼、凝脂奶油和果酱等。——编者注
② "Carboniferous"源于拉丁语，意思是"含煤的"。——编者注
③ 分别得名于浙江省江山市和湖南省古丈县。——编者注
④ 得名于德国西部艾费尔山。——编者注

纪、世、期；它们对应的年代地层单位分别是宇（eonothem）、
界（erathem）、系（system）、统（serie）、阶（stage）。同理，
在提及时间时（以奥陶纪为例），应该说"早奥陶世"或"晚
奥陶世"；而在谈到岩石时，应使用"下奥陶统"或"上奥陶
统"。即便岩石［对应前文所指的"时机"（kairos）］不存在，
时间（chronos）依旧存在；反之则不然。然而，时间会消逝，
岩石却会留存下来。

探索时间的深度

　　当阿瑟·霍姆斯早期尝试从岩石中获取绝对年龄时，原子
结构和同位素的存在尚未为人所知。与此类似，达尔文对遗
传机制的深刻洞察也早于基因与 DNA 的发现。在这两种情况
下，其他学科要花上数年的时间，才能发展出充分探索两人远
见卓识的能力。直到 20 世纪 30 年代，铅同位素地球化学的复
杂性才被完全破解，可以说是"鞭辟入里"。1929 年，欧内斯
特·卢瑟福指出，铀具有两种母体同位素，即 ^{238}U 和 ^{235}U；两
者会在漫长的放射性衰变系（radioactive decay series）结束时
产生铅的两种同位素（分别为 ^{206}Pb 和 ^{207}Pb），整体半衰期也截
然不同（分别为 44.7 亿年和 7.1 亿年）。不久之后，明尼苏达
大学（University of Minnesota）的物理学家艾尔弗雷德·尼尔
（Alfred Nier）发现了另一种铅同位素 ^{204}Pb。这是一种非放射性
成因的同位素，也就是说，其最初就是铅元素，而不是放射性

衰变的产物。此外，尼尔研发了分析同位素的必备仪器，即质谱仪，它可以根据原子量（atomic weight）筛选出单一元素的同位素。随着 ^{204}Pb 被发现，尼尔认识到了这三种铅同位素的潜在用途——测定岩石甚至是地球的年龄。

在测定地质年代时，他意识到 ^{206}Pb 和 ^{207}Pb 的丰度会以数学上可预测的方式增长，而 ^{204}Pb 的绝对数量保持不变。特别是，^{235}U 的半衰期相对较短，导致全球 ^{207}Pb 的存量在地球历史早期迅速增加，但随后增加的趋势变得平缓，如同一个高利率储蓄账户的累积收益，但提款速度较快。与此同时，由于 ^{238}U 衰变较慢，全球 ^{206}Pb 的存量会继续积累，就像一个低利率储蓄账户赚取的收益，提款速度也较慢。（相比之下，^{204}Pb 的绝对数量保持不变，如同藏在床垫下的钱。）1940 年，尼尔与他的学生们准备用地质样品来验证这些想法。然而，这项工作被打断了。当时，恩里科·费米（Enrico Fermi）① 让尼尔（德国移民的儿子）参与曼哈顿计划（Manhattan Project）②，该计划要求他从不可裂变的 ^{238}U 中分离出可裂变的 ^{235}U。[8] 尼尔的质谱仪是唯一能够区分这两种同位素的仪器，他的实验室被要求专注于不确定的未来，而不是探索地质历史的问题。

战争一结束，尼尔就立刻开始测量世界各地不同年代的方铅矿（PbS，铅的原生矿石）矿床中的铅同位素比例。方铅矿

---

① 恩里科·费米（1901—1954），意大利裔美籍物理学家，1938 年的诺贝尔物理学奖得主。美国曼哈顿计划期间，其领导团队在芝加哥大学建立"芝加哥一号堆"（世界上第一台可控的核反应堆），被誉为"原子能之父"。——译者注
② 第二次世界大战期间，美国政府在纽约曼哈顿地区建立"曼哈顿工程管理区"，将研制核武器项目命名为"曼哈顿计划"。——译者注

中显然含有大量的铅，但铅在结晶时并不会吸收铀。这意味着，方铅矿中的铅同位素比例不会随着时间的推移而改变，而是应该反映矿物形成时的环境中所存在的特定的铅元素组合。正如尼尔所料，在较老的地质样品中，$^{207}Pb/^{204}Pb$ 与 $^{206}Pb/^{204}Pb$ 的比值较小（相当于"储蓄账户利息"的铅与"藏在床垫下"的铅之比）。如果地球在形成伊始没有 ^{207}Pb 或 ^{206}Pb，那么这些比值足以确定地球的年龄。不过，尼尔几乎可以肯定，地球在形成时从太阳系"祖先"的"银行账户"中继承了一些累积的"利息"铅。因此，若想确定地球的年龄，就需要知道各种铅同位素的原始比例。

尼尔还意识到一个更为微妙的问题：再古老的方铅矿样品也无法代表整个地球的铅同位素的原始比例。地球并非化学性质均一的"水球"，如奶昔。相反，随着时间的推移，它已经自我分离。形成初期，这颗行星分化出了一个由铁和镍组成的金属内核，以及一个包含了绝大多数物质的岩石地幔，其中包括地球上几乎所有的铀。自此之后，地幔反复发生部分熔融现象，形成了地壳。与地球主体或地幔相比，地壳中的铀更为富集，好比一瓶生牛奶的顶部凝结了一层乳脂。尼尔的观点是，虽然他的铅同位素数据大致符合预期的模式，但其中一些样品可能已经同化了由地壳岩石中"过量"的铀衰变而成的额外的放射性成因铅（^{206}Pb 和 ^{207}Pb），因此这些数据无法准确地追踪整个地球的铅同位素的演化过程。

到了 20 世纪 40 年代末，阿瑟·霍姆斯已成为爱丁堡大学（Edinburgh University）的地质学教授，其研究方向在很大程度上转移到了其他的重要问题（如造山运动背后的驱动力）上面，但他一直关注着尼尔的研究动态，并认为其工作也许最终能确定地球的年龄。霍姆斯对尼尔分析过的一个特殊样品尤为感兴趣，该样品是从格陵兰岛的一处非常古老的岩石层序中采集的方铅矿，它的铀浓度和铅同位素比值都很低。霍姆斯向来是一名目光长远、不拘于细节的思考者，他乐于提出谨小慎微的尼尔不愿做出的假设，即格陵兰岛的方铅矿样品所显示的数据，接近原始的整个地球的铅同位素比值。从概念上来讲，地球年龄的计算思路很简单：只需要确定，铅同位素比例从地球形成之初的原始值演化成较新的方铅矿沉积中的值所经历的时间。然而，实践涉及的数学运算太复杂了，霍姆斯不得不购买了一台机械计算仪器来执行。经过数月单调的计算，霍姆斯发表了他对地球年龄的最小估算值——33.5亿年。[9]地质学家们终于可以放松地享受极为充裕的地球时间了。

不过，地质学家和物理学家各自设想的时间尺度发生了新的冲突。20世纪20年代，埃德温·哈勃（Edwin Hubble）对星系红移（redshift）的成功观测使得宇宙膨胀（大爆炸）理论被广为接受。根据该理论，宇宙的年龄可以用一个相当简单的方法来确定；事实上，与霍姆斯用铅同位素来计算地球年龄的方法相比，这个方法几乎微不足道。哈勃的方法只需要绘制出恒星和星系远离地球的速度（距离/时间）与它们和地球之间的距离之比。这条线的斜率叫作**哈勃常数**（Hubble constant），而斜率的倒数（以时间为单位）就是宇宙的年龄。1946年，当霍姆斯宣称地球的年龄超过30亿年时，宇宙的推算年龄只有18亿年。[10]

44

地球化学家领先（并且禁铅）

　　地质学的时间与天文学的时间令人尴尬的差异在将近 10 年的时间里一直悬而未决。然而，随着恒星距离的估算值越来越准确，以及距离地球更遥远的星系可以被探测到，公认的哈勃常数值下降了，而宇宙的年龄增加了。1948 年，芝加哥大学（University of Chicago）的一名来自艾奥瓦州的年轻研究生克莱尔·帕特森（Clair Patterson）灵光乍现，想到了一种研究地球年龄问题的新方法。事实愈发清晰，能够代表地球原始地壳的岩石可能已不复存在。阿瑟·霍姆斯曾将格陵兰岛古老方铅矿的铅同位素比值当作最接近原始值的可用参考值，但帕特森意识到还有更好的选择 —— 地外岩石，即陨石。

　　陨石代表了行星形成前的物质，以及与地球和太阳系其他天体同时形成的行星在遭遇不测后留下的碎片。地球上的岩石会经历风化、侵蚀、变质和熔融等地质过程，处于不断变化与再生的状态；与此不同的是，自太阳和行星形成以来，绝大多数的陨石在宇宙的真空环境中并未发生变化。在穿过地球的大气层并在地表停留一段时间后，陨石的表面会形成一层薄薄的外壳，剥除该层后，太阳系形成初期的原始物质就会显露出来。

　　帕特森的方法是，用两种成分不同的陨石来分别代表太阳系中铅同位素的原始值和现代值，然后进行霍姆斯提出的烦琐计算。铁陨石（iron meteorite），含铅但不含铀，可以提供真实的原始值。而石陨石（stony meteorite）同时含有铅和铀，能够提供比所有地球岩石都更为可靠的地球整体（如同混合得非常均匀的奶昔）的现代值（见图 5）。

　　同样，虽然这个想法看起来很简单，但实际操作困难重重。帕特森发现，他无法从副份样品中获得一致性足够高的铅同位素结果，从而进行有意义的年龄测定。在系统地排除了分析方法中的所有缺陷后，他意识到了问题所在：实验室中（在工作台、设备、衣服和皮肤上）存在太多的环境铅，以至于陨石样品在进行分析之前就已经被污染了。在将近 8 年的时间里，帕

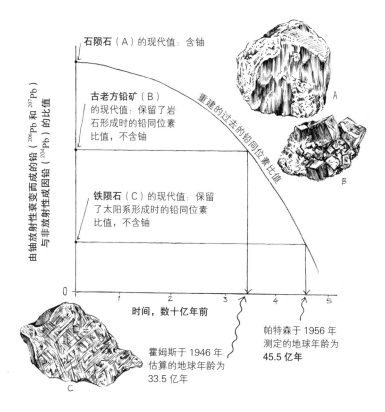

石陨石（A）的现代值：含铀

古老方铅矿（B）的现代值：保留了岩石形成时的铅同位素比值，不含铀

重建的过去的铅同位素比值

铁陨石（C）的现代值：保留了太阳系形成时的铅同位素比值，不含铀

由铀放射性衰变而成的铅（²⁰⁶Pb 和 ²⁰⁷Pb）与非放射性成因铅（²⁰⁴Pb）的比值

时间，数十亿年前

帕特森于 1956 年测定的地球年龄为 **45.5 亿年**

霍姆斯于 1946 年估算的地球年龄为 **33.5 亿年**

图 5　利用陨石测定地球年龄的原理

特森先是搬到了加州理工学院，然后又回到了伊利诺伊州，这次他来到了阿贡国家实验室（Argonne National Laboratory）。帕特森研发了第一个具备先进的空气净化和通风系统的"洁净实验室"（clean laboratory，如今是无数科学领域与医疗设施的必备配置）。1956 年，他终于得出了至今依旧公认的地球年龄 —— 45.5 亿 ±7 000 万年。[11]（愿达尔文的灵魂安息。）在获取了自赫顿时代以来地质学家和物理学家一直求而不得的"圣杯"之后，31 岁的帕特森离开了学术界。他的余生都在为禁止铅的使用而奔走，因为当时铅已经被认定为神经毒素，油漆、玩具、锡罐和汽油中都含有铅。估算出地球的年龄似乎是一项配得上诺贝尔奖的非凡成就，但地质学家甚至都不在竞争队列。帕特森最终获得了享有盛誉的泰勒环境成就奖（Tyler Prize for Environmental Achievement），却是在他于 1995 年去世前的不久。然而，对于这名来自艾奥瓦州的小镇男孩来说，这种认可实在太"低调"了，因为他曾经勇敢地挑战过"巨头"：开尔文、哈勃与石油巨头。

地质年代学日渐成熟

在尼尔、霍姆斯、帕特森等人完成了开创性工作之后，**地质年代学**（测定地质物质年龄的科学）发展出了铀-铅衰变系之外的许多体系。在 92 种天然存在的元素中，有数千种同位素，其中大多数同位素具有放射性（只有 254 种是稳定的）。不过，并非所有的放射性同位素都能用来测定地质年代。首先，半衰期必须与要测定的时间长度相匹配。许多同位素的半衰期为几天或几秒，用它们来测定地质年代如同用一把 30 厘米的尺子来测量阿拉斯加高速公路（Alaska Highway）[①]。同时，由于放射性呈指数衰变，每次半衰期过后，母体同位素就减少一半。不论初始量是多少，经过 10 个左右的半衰期，母体同位素几乎荡然无存（就像一张纸可以对折的次数是有限的，无论它最初有多大）。其次，在想要定年的任何一种岩石或矿物中，母体同位素的浓度必须高至足以测量的程度，而且必须形成数量可测量的子体同位素。然而，"可测量"的定义已经随着时间的推移而改变；如今，仪器精密度的提升使我们能够检测到矿物中浓度低至十亿分之一甚至万亿分之一的元素。

再次，在理想情况下，子体同位素不应该在矿物结晶时（"同位素时钟"的起始时间）被纳入其中。如此一来，样品中出现的所有子体同位素都是在晶体变为封闭系统后，由母体同位素放射性衰变而成。这种逻辑有点儿像要求学生在考试时使用令人头疼的"答题本"，这可以确保学生的答案都是在进入教室并关上门后写下的。（不过，科学家能够运用一些数学技巧来纠正子体同位素的初始量，好比一名精明的老师可能会在考试中发现作弊行为。）

最后，子体同位素不应太容易从矿物晶体中逸出，即便在那种环境下，它通常是一位"不自在的陌生人"。母原子（parent

[①] 连通加拿大西北部与美国阿拉斯加州的一条高速公路，修建于 1942 年，从不列颠哥伦比亚省东部延伸到了费尔班克斯，全长为 2 452 千米。——译者注

atom）具有特定的直径和电荷，通常会在矿物的原子晶格中占据一个舒适的位置，与相邻的原子和谐地键合在一起。然而，在母体同位素经历放射性变质过程，"蜕变"为子体同位素后，它就不再适应晶体"蛹房"了。它变成了一种完全不同的元素，大小和化学属性也发生了变化。由于不适应母体同位素的"蛹房"，子体同位素可能会试图离开晶体；如果岩石此后被重新加热，晶体的结构将变得易于元素扩散，那么子体同位素逸出的可能性就会更高。因为子体同位素 / 母体同位素是确定样品年龄的基础（表 2-1），所以子体同位素的任何损失都会导致同位素的测定年龄过小。

在以上标准的限制下，只有 6 种母体 - 子体同位素体系可用于测定岩石的年龄（表 2-2）。这些母体同位素从地球形成之初遗留至今，继承自恒星前身与太阳系，其中一些同位素的半衰期出奇地长。例如，铷 -87（^{87}Rb）的半衰期长达 490 亿年，不仅远超地球的年龄，甚至超过了宇宙的年龄（根据修正后的哈勃常数，现在公认的宇宙年龄为 140 亿年）。这并不矛盾，只是意味着 ^{87}Rb 的半衰期自地球形成以来仅仅过去了十分之一；目前为止，只有一小部分的原始 ^{87}Rb 衰变为锶 -87（^{87}Sr）。铷是许多矿物中常见的微量元素，因此 ^{87}Rb 和 ^{87}Sr 的浓度都足够高，可用于地质定年。

一些岩石，如花岗岩，包含两种或两种以上的矿物；其中每一种矿物都可以使用不同的母体 - 子体同位素体系来定年，而且这些矿物的测定年龄往往不同。年轻地球创造论的支持者利用了这一地质观测结果，试图"揭穿"地质年代表的"丑恶面

表 2-2 最常用于地质定年的母体-子体同位素组合

母体同位素	子体同位素	半衰期/百万年	母体同位素	子体同位素	半衰期/百万年
^{238}U	^{206}Pb	4 470	^{40}K	^{40}Ar	1 280
^{235}U	^{207}Pb	710	^{147}Sm	^{143}Nd	106 000
^{232}Th	^{208}Pb	14 000	^{176}Lu	^{176}Hf	36 000
^{87}Rb	^{87}Sr	48 800	^{187}Re	^{187}Os	42 300

数据来源：Faure, G., and Mensing, T., 2012. *Isotopes: Principles and Applications.* New York: Wiley。

目"。实际上，如果岩浆岩（以花岗岩为例）中的所有矿物都拥有相同的同位素年龄，那才让人诧异，因为花岗岩是由大量的岩浆在地下深处缓慢冷却形成的。这些矿物的测定年龄之所以不同，是因为每种矿物的**封闭温度**（closure temperature，结晶之"门"关闭使同位素停止扩散的温度）因每种矿物类型中的各母元素不同而呈现差异。知道了这些特定的封闭温度，就可以详细地重建地下**深成岩体**［pluton，命名自罗马神话中的"冥王"普卢托（Pluto）］的冷却历史。例如，对约塞米蒂国家公园（Yosemite National Park）里的图奥勒米花岗岩（Tuolumne granite）中的矿物进行定年，U–Pb、Rb–Sr 与 K–Ar 的综合结果显示，这些花岗岩的温度在 300 多万年的时间里维持在 350 摄氏度以上。[12] 造就了现今内华达山脉（High Sierra）雄伟山峰的花岗岩，代表着侏罗纪时期巨大火山的岩浆房，而且早已被侵蚀。了解岩浆通道系统的活跃时长，有助于预测黄石国家公园（Yellowstone National Park）等地的火山爆发风险；黄石国家公园中的泥沸泉（mud pot）和间歇泉（geyser）暗示着"冥

50

府"的动荡景象。

放射性碳定年时代

　　作为定年技术中最知名的同位素，碳-14（^{14}C）在许多方面都表现得十分怪异，并且与其他的母体同位素存在几处重要的差别。由于 ^{14}C 的半衰期极短，仅有 5 730 年，它无法用来测定年龄超过 6 万年的物质（因此它在地质学上的用途是有限的），而且它不代表一个原始的同位素种类（^{14}C 可挺不过长达45 亿年的地球历史）。相反，它是一种**宇宙成因**（cosmogenic）的同位素，通过宇宙线（cosmic ray，来自宇宙空间的高能辐射）在地球的最上层大气中不断地再生。目前认为，宇宙线主要来自遥远的超新星（supernova）事件；其间，古老的恒星在生命的终点壮丽地爆炸（新形成的元素和同位素可能会融入未来的行星系统）。出于对长期暴露在宇宙线之中的担忧，飞行员和空乘人员每年进行的高空长途飞行的次数通常是受限的。

　　^{14}C 是由大气层高处的氮-14（^{14}N）原子被宇宙线撞击所产生的，宇宙线的能量足以将一个质子从氮的原子核中撞出。其中一些 ^{14}C 会到达地表，被光合作用系统（如藻类、植物）及以它们为食的生物体（如鱼类、真菌、绵羊、人类）吸收。只要某种动植物活着，进行光合作用、呼吸和 / 或进食，它的碳同位素组合（稳定的 ^{12}C 和 ^{13}C，以及具有放射性的 ^{14}C）就会反映出环境中的碳的相对丰度。不过，在生物体死亡时，它的碳储量

51

就会固定，而后放射性 ^{14}C 会逐渐减少，而稳定的碳同位素会保留下来。与其他的同位素定年方法（利用子体同位素 / 母体同位素的比值来确定样品的年龄）相比，^{14}C 定年技术是基于碳的当前**活性**（activity）——单位时间内每克碳的衰变事件数。这是因为，^{14}C 会衰变回 ^{14}N，由此产生的氮气往往不会留在样品中。

碳-14 定年法是考古和历史研究的重要工具，可用于测定多种含有生物碳（biogenic carbon）的物质的年龄，如木材、骨头、象牙、种子、贝壳、亚麻、棉花、纸、泥炭等。该技术甚至可以测定海水所属的年代，因为海水中溶解了少量的二氧化碳。一些来自北太平洋深海的水体拥有高达 1 500 年的 ^{14}C 年龄。[13]这意味着，它们在先知穆罕默德（Muhammad）诞生之前，就未与大气发生过相互作用。

然而，与地质年代测定技术相比，碳-14 定年法的不确定性相对较大。地球磁场能够削弱宇宙线对地球的轰击，而该磁场的波动会影响高层大气中 ^{14}C 的形成速率。碳 14 定年结果可以使用树木的年轮来修正，年轮是一种技术含量低但可靠的计时工具，因为在给定的某一年份中，只有树的外层在积极地与环境交换碳，所以年轮的每一圈都拥有不同的 ^{14}C 年龄。通过将现存树木中最老的那一道年轮，与沼泽和考古遗址中的古木的最新一道年轮相对比，年轮记录可追溯至 1 万多年前，^{14}C 年龄便能够以此校准。珊瑚（主要成分为方解石，$CaCO_3$）的生长带（growth band）也可以用作校准工具，其准确度虽然不及年轮，但能够校准更古老的 ^{14}C 年龄。尽管如此，^{14}C 定年结果的误差还是很大，介于几百年到几千年之间（相当于一个物体实

52

际年龄的 5% 到 10%）。

　　人类的两种行为使得放射性碳定年法变得更为复杂。第一，冷战初期的地面核试验向大气层中注入了大量的 ^{14}C，这些放射性碳必须在新近样品的测定数据中加以纠正。因此，^{14}C 年龄通常被汇报为 1950 年之前的年份。第二，近一个世纪以来，化石燃料（含有"死"碳）的燃烧已经改变了大气层中多种同位素的比值。这一现象被叫作**苏斯效应**（Suess effect），由奥地利物理学家汉斯·苏斯（Hans Suess）于 1955 年首次发现[14]（在美国进行曼哈顿计划的同时，苏斯在为德国的核项目工作）。虽然冷战时期产生的 ^{14}C 会慢慢消散，但苏斯效应仍在持续增长。

飘忽不定的子体同位素

　　20 世纪 50 年代末至 60 年代，质谱仪在学术界更为普及，地质年代学随之成为一门新的分支学科，设立了专门的师资力量和研究生课程。钾-40 与氩-40（^{40}K–^{40}Ar）是最早被广泛应用于地质年代测定的母体-子体同位素组合之一，因为钾在多种岩浆岩和变质岩中的含量非常高，即便是精度较低的仪器也可以同时探测到母体同位素和子体同位素。原本的 K–Ar 定年法仍然完美地适用于热史（thermal history）简单的年轻岩石。在为含有人类祖先化石的沉积地层定年时，K–Ar 定年法依然是重要的工具。例如，在岩浆活动频繁的东非大裂谷（East African Rift Valley）地区，"露西"（Lucy）等古人类的化石与火山灰层

53

形成了互层。

K–Ar 同位素体系存在的一个问题是，子体同位素与母体同位素相差太远。钾是一种体形较大、"善于交际"的离子，随时可以向其他元素提供一个电子；氩则是一种体形小巧、"自给自足"的惰性气体，电子壳层（electron shell）呈饱和状态，没有与其他物质结合的倾向。因此，只要找到机会（晶体边缘一处可轻易逃离的位置；一条提供了捷径的裂缝；一个热变质作用事件，开启了结晶"之门"，足以让元素扩散），子体氩原子就会逸出。进而，估算出的原生矿物的年龄将比实际的地质年龄要小，但无法知道小多少。正负值反映的是因实验仪器的限制而导致分析结果的不确定度，而不是数据的实际偏差。

K–Ar 定年法的局限性自 20 世纪 60 年代起日趋明显。当时，该方法被用于测定加拿大地盾（Canadian Shield），这些古老的岩石拥有漫长且多阶段的变形与变质历史。K–Ar 定年的结果有时与野外证据（代表岩石的相对时代）不一致。在某些情况下，大量的氩从地下深处的矿物中渗出，滞留在邻近的岩石中，导致 K–Ar 定年法测定的年龄太老了。年轻地球创造论的支持者再次揪住了这种模棱两可之处，表明地质年代学的整个体系存在着无可救药的漏洞。但到了 20 世纪 70 年代，地质年代学已经在 K–Ar 定年法之上发展出了一种更为有效的测年方法。这种方法不仅可以测得更高精度的年龄，还能够提供是否存在氩损失（或新增）的相关信息。

这项新技术会用中子轰击含钾的样品，而后样品中的 ^{40}K 就会转化成一种寿命较短的氩同位素，即 ^{39}Ar；^{39}Ar 可以"代

54

理"母体同位素。接下来，样品会被缓慢加热，相当于在实验室中模拟变质作用事件。两种氩同位素（代表母体同位素的 ^{39}Ar 和由放射性衰变产生的子体同位素 ^{40}Ar）开始逸出。随着温度递增，晶体开始释放出更多的氩，这些氩会被分批捕获和分析。^{40}Ar/^{39}Ar（货真价实的子体同位素／母体同位素）将用于确定样品在每个阶段的表观年龄（apparent age）。一般而言，从最初捕获的几个氩（代表晶体外部最易逸出的非大气氩[①]）样品中获得的年龄比晶体内部样品的年龄要小。如果通过持续加热获得的表观年龄稳定在一个恒定值附近［地质年代学家称之为"^{40}Ar/^{39}Ar 坪年龄"（^{40}Ar/^{39}Ar plateau age）］，那么就有充分的理由认为：晶体内部没有经历过显著的氩损失，测出的同位素年龄具有地质学意义。

测定"命运之日"

Ar–Ar 定年法最著名的"战绩"，大概是确认了白垩纪末期由陨石撞击而成的陨石坑，那场撞击事件导致了恐龙的灭绝。1980 年，由荣获了诺贝尔奖的物理学家路易斯·阿尔瓦雷茨（Luis Alvarez）与加州大学伯克利分校的地质学家沃尔特·阿尔瓦雷茨（Walter Alvarez）组成的父子团队，首次提出了陨石致使恐龙灭绝的假说。沃尔特曾在意大利中部的亚平宁山脉

55

---

① 非大气氩（atmospheric argon）指非地球大气圈中的氩。——译者注

（Apennines）中工作，该地区的地壳褶皱造就了新近的山脉，将中生代晚期至新生代早期的海相石灰岩层序抬升到了海平面之上。[15] 其中，一种名为"Scaglia Rossa"（本意为"红色岩石"）的美丽的粉红色石灰岩，为意大利的许多房屋、城堡和大教堂定下了瑰丽的色调；这种岩层完整地记录了"白垩纪大灭绝"之前、期间和之后的海洋环境。因为这种石灰岩层是在非洲大陆架的海床处沉积而成，所以其间不存在恐龙的骨骼化石。不过，自然环境与微生物化石数量的急剧变化，以及一层独特的约一厘米厚的深红色黏土，都清晰地记录下了恐龙灭绝事件。

　　沃尔特·阿尔瓦雷茨想知道，这一黏土层，也就是"世界末日的无声证人"，究竟代表多长的时间。他的父亲路易斯·阿尔瓦雷茨也参与了曼哈顿计划，可以使用劳伦斯伯克利国家实验室（Lawrence Berkeley National Laboratory）中的一种仪器；该仪器能够检测到物质中浓度低至十亿分之一（ppb）的微量元素。他建议测量边界黏土层中某些铂系元素（platinum group）稀有金属的浓度，比如铱（Ir）。铱主要是随着缓慢但持续的微陨星尘（micrometeoritic dust）降落到地球表面的。（这种星尘大多具有磁性，你甚至可以在自家的屋顶上收集到累积了几个月的微陨星尘。[16]）科学家们可以从南极冰芯（ice core）中获知这种"金属雨"在过去 70 万年中的平均降落速率：假设该速率在白垩纪时期保持不变，那么通过测量边界黏土层中的金属含量，就可以估算出黏土层的沉积时间。这个逻辑与维多利亚时代的地质学家用以反击开尔文勋爵的逻辑基本相同：将累积的物质（沉积物或铱）的总量加起来，再除以累积速率的最佳估算值，就可以得出经过的时间。

56　　为了探明铱的本底浓度（background concentration）[①]，阿尔瓦雷茨父子分析了采样间隔较小的一些样品：它们来自黏土层及其上下方的石灰岩层。他们发现，下伏石灰岩层中的铱浓度约为 0.1 ppb，而黏土层中的铱浓度超过了 6 ppb。虽然铱浓度的绝对数量看起来都很小，但这种异常的激增现象（飙升了 60 倍）十分惊人。这意味着两种可能性：（1）黏土层代表了一段相当长的时间，其间，微陨星尘缓慢地落下，但极少有普通的沉积物堆积在此处；（2）大量的微陨星尘被一个直径约为 10 千米的物体一次性地运送到了地球上。这两种情况似乎都不太可能发生，但在两者之中，后者的可能性稍微大一些。

　　然而，这种归咎于"天外来客"的解释，既与地质学中根深蒂固的均变论思维背道而驰，也挑战了莱伊尔式的对援引灾变论的厌恶。此外，看似微弱的证据（在薄薄一层的黏土中，某种奇怪的元素增加了一点儿），并不能让研究白垩纪大灭绝的古生物学家们信服，他们可是花费了毕生的精力在化石记录中搜寻线索。但是，随着科学家们在世界各地的白垩系顶部露头中发现类似的铱异常现象，"天外来客"的故事获得了更多的支持。新的问题变成：陨石坑在哪里？

　　20 世纪 80 年代末，玻璃陨体（tektite，岩石在高能撞击下熔融形成的球状和泪滴状玻璃）的踪迹表明，加勒比地区（Caribbean region）最有可能是白垩纪末"原爆点"（ground zero）

────────────

① 本底浓度是指在未受到人类活动影响的条件下，大气中某成分的自然含量。——译者注

的所在地。不过，直到 1991 年，也就是陨石撞击假说提出的 10
多年后，人们才发现了一个年龄和大小都接近该假说的陨石坑。
这是一片直径达 190 千米的洼地，大部分被墨西哥尤卡坦半岛
（Yucatan Peninsula）北岸的较新沉积物所掩埋。该陨石坑以最
近的海滨村庄希克苏鲁伯（Chicxulub）命名。科学家在陨石坑
的中心钻了井，并从岩芯中获取了原地熔融而成的玻璃样品。
1992 年，这些玻璃样品的 Ar–Ar 年龄被公开发表，改变了那些
质疑希克苏鲁伯并非撞击所在地的地质学家的想法。三个样品
的 $^{40}Ar / ^{39}Ar$ 坪年龄的加权平均值为 65.07 ± 0.10 百万年 —— 正
是国际地层委员会定义的白垩纪终结的精确时间。[17]

57

探寻前寒武纪之谜

回望地球历史，恐龙就像聚光灯下的明星；在还有许多其
他重要的故事要跟进时，恐龙总是占据大多数的媒体报道。虽
然我慎重地看待所有的岩石，但我必须承认，自己存有一些私
心。我是在加拿大地盾（北美洲大陆的古老核心）的边缘长大
的，因此我对距今 10 亿年以上的岩石怀有深切的偏爱之心。如
同葡萄酒与奶酪，岩石也会随着时间的推移变得越来越吸引人，
"风味"与特色也会愈发丰富。首先，大多数的前寒武纪岩石都
存活了相当长的时间；其间，它们至少经历了构造剧变的一个
阶段，被带到远离原生地的地下深处，然后克服万难，重回地
表。年轻的岩石则较少经历波澜，更容易被解读，但它们通常

只有一个故事可讲。最古老的岩石往往高深莫测，甚至十分神秘，它们会用变化多端的隐喻讲述自己的历史。然而，只要耐心细致地"倾听"，我们就能理解它们，并从它们身上学到关于耐力和韧性的深奥真理。

58   甚至早在克莱尔·帕特森算出地球的确切年龄之前，前寒武纪岩石的同位素定年结果就已揭示，维多利亚时代以化石为基础的地质年代表是如何大幅度扭曲地质学家对地质时间的看法的。寒武系底部的岩石约有 5.5 亿年的历史，但加拿大地盾中的岩石形成于 20 多亿年前。地球的年龄为 45 亿年，这意味着，曾经被视作地球"婴儿期"的颇为神秘的前寒武纪，实则涵盖了地球的"童年期""青年期"和大部分的"成年期"，占地球历史的九分之八。即便到了现在，过分强调显生宙（Phanerozo-ic Eon，"出现可见生命"的地质年代，从寒武纪至今）依然是一种挥之不去的习惯。此外，绝大多数的地史学教科书仅用一两个章节粗略地介绍前寒武纪，然后迅速进入"真正的"历史大戏。不过，高分辨率的地质年代学方法，特别是新一代的 U–Pb 分析技术，正在一点一点地纠正这种固执的时间偏见。

就像大多数人对自己出生到一岁之间的人生毫无印象一样，地球也没有留下关于其形成及早期历史的直接记录。地球自身的"编年史"始于晦涩不明又神秘的"条目"，介于距今 44 亿年与 42 亿年之间。其以微小的锆石晶体的形式出现，这些粒状的锆石晶体被西澳大利亚州的杰克山区（Jack Hills）的远古砂岩保留了下来。自 2001 年《自然》（Nature）上的一篇论文（如今已声名显赫）公布了这一发现以来，作为地球上最古老的物体，这些锆石的重要性一直饱受争议。[18]

　　锆石是地质年代学家的"梦想之石"（也是阿瑟·霍姆斯在第一次测定地质年代时使用的矿物）。在结晶时，锆石会让铀进入它的晶体结构，但不接受铅。而且，铀具有两种放射性母体同位素，两者会衰变成不同的子体铅同位素，因此锆石本身就能交叉检验是否有子体同位素损失。如果 $^{206}Pb/^{238}U$ 和 $^{207}Pb/^{235}U$ 的年龄匹配，则称该数据为**一致**（concordant）年龄，这能够很好地证明铅没有损失。锆石 U–Pb 一致年龄的精度令人震惊：对最古老的杰克山区中的锆石进行测定，得出的年龄是 4 404 ± 8 百万年，不确定度仅为 0.1%（相对来说，准确度远高于 ^{14}C 定年法）。即使铅发生了损失，我们仍然能够获得有效的信息：对某块岩石中**不一致**（discordant）锆石进行统计分析，不仅能够得出它们的结晶年龄，而且往往能够获知导致铅损失的变质事件的发生时间。

　　此外，锆石是一种坚硬的矿物，能够承受其他矿物所不能承受的磨损与腐蚀；而且它的熔点极高，可以在经历变质作用后保留自身的早期"记忆"。正如地质年代学家喜欢说的那样，"锆石恒久远"（与锆石相比，钻石则是在高压地幔中形成的矿物，它将缓慢地转化成地表的石墨）。古老的锆石晶体通常具有同心圆状的环带（如同树木的年轮），晶体的核心记录了其最初从岩浆中结晶出来的过程，依序分布的环带则反映了锆石在后续的变质事件中生长的过程（见图 6）。目前最先进的"超高分辨率离子微探针质谱仪"（Sensitive High Resolution Ion Microprobe，简称 SHRIMP）能够识别宽度仅为 10 微米（还不及一根

59

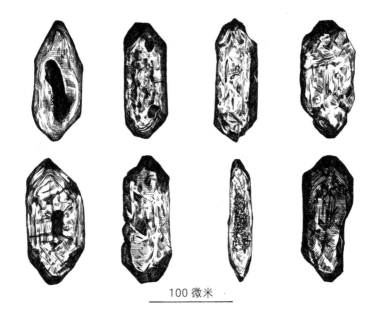

100 微米

图 6　锆石晶体及其生长环带

头发丝粗）的单条"生长环带"，进而确定其同位素比值。杰克
山区的锆石年龄极为古老，这与锆石晶体内部复杂的增生（over-
growth）现象相对应。就像一棵古树的年轮可能记录了整个地区
的气候一样，一颗发育了环带的古锆石晶体也可以记载一片大
陆的构造历史。

锆石几乎完全是在花岗岩（及类似的岩浆岩）的结晶过程
中形成的，而这些类型的岩石是大陆地壳的基本成分，因此杰
克山区极其古老的锆石年龄就更令人诧异了。花岗岩代表着"演
化了"的岩浆，这意味着，它们很难在地幔（所有地壳岩石的
终极来源）熔融的单个阶段内形成。如今，花岗质岩石（granitic

rock）主要来自雷尼尔山（Mount Rainier）这类俯冲带火山（sub-duction-zone volcano）的产物，由先前存在的地壳部分熔融而成，通常伴随着水的出现（详情请见第三章）。因此，如果杰克山区的锆石是由这种现今的方式"锻造"出来的，那么它们的存在指示着一段纷繁的历史：在地球形成后的 1.5 亿年间，早期的地壳已经经历了形成—冷却—再熔化的过程。同样令人惊讶的是，古锆石中的多种氧同位素的比值表明，结晶出这些锆石的岩浆与较冷的地表水发生了相互作用。在 2001 年《自然》上的那篇论文的结论部分，作者们摒弃了约定俗成的科学制约，（根据几颗比跳蚤还要小的晶体）大胆提出：44 亿年前，地球上不仅分布着大陆和海洋，如果有地表水，甚至还可能存在生命。

61

像行星一样思考

关于杰克山区锆石的论文是所有地质学文献中被引用得最多的论文之一，代表了 100 多年来同位素地球化学研究的巅峰，借助了彼时世界上最先进的分析方法。然而，文中石破天惊的归纳推理及对均变论的明显偏袒，让它与现代地质学的开山之作，即赫顿的《地球理论》，极为相似。事实上，是否应完全从均变论的角度来看待早期的地球，仍然是地质学家们激烈争论的一个问题。有令人信服的理由表明，在最初的 20 亿年间，地球的运作方式是不同的。

不过，尚待完成的"深时地图集"的演变历史（从西卡角到希克苏鲁伯，再到杰克山区）清楚地表明，绘制地质年代表是一项凝聚了全人类智慧的大工程，需要的就是互换想法。这个过程汇集了各式各样的思想：像赫顿与莱伊尔这样高瞻远瞩、不执着于细节的思想家；像威廉·史密斯这样专注的化石猎人；像达尔文和霍姆斯这样打破学科壁垒的博学家；像尼尔和帕特森这样精益求精的仪器专家；像国际地层委员会这样的管理机构；以及一大批在野外工作的吃苦耐劳却默默无闻的制图者（包括一些学习入门课程的体育生）。他们既懂"单纯流动的时间"，也明白"特定时机"，还知道如何把"石头"变成动词。

地球的步伐

稍纵即逝的地貌

于我而言，最早的关于学校的记忆之一，是观看一部讲述叙尔特塞岛（Surtsey）诞生的电影；这是一座位于冰岛近海的火山岛屿，自 1963 年末开始从大西洋中崛起。黑白影像显示，火山喷发而出的塔状蒸汽与火山灰创造了一个从未出现在任何地图上的由煤黑色火山渣组成的新世界。第一个注意到火山喷发的人是一名船长，他起初以为是另一艘船着火了。当时，对于多愁善感且思维尚不成熟的我来说，新陆地从海中诞生是极为震撼的；这暗示着在地球不露声色的外表下，存在着一种神秘的生命力。1963 年至 1967 年间，叙尔特塞岛从海平面以下130 米处的一座海岭成长为高于海平面 170 米的圆锥形火山岛。叙尔特塞岛的面积最大曾达到 2.6 平方千米。然而，在火山喷发停止之后，侵蚀、下陷、沉降等地质作用的破坏速度同样惊人。如今，它的面积已减少为 1967 年的一半左右；预计，叙尔特塞岛将于 2100 年完全消失（或更早，取决于海平面上升的速度）。对于我这个依旧多愁善感的中年人来说，目睹叙尔特塞岛的生命轨迹（一个大陆的诞生、青春、短暂的盛年和不可避免的消亡）多少有些令人不安。

在赫顿、莱伊尔和达尔文看来，大多数的地质过程十分缓慢，令人难以察觉；几十年间，地质学家不断地将这一观点灌输给大众。但如今，多亏了地质年代学的高精度分析技术、从太空直接观测地球过程的卫星，以及一个世纪以来对地球"生命体征"（气温、降水、河流径流量、冰川动态、地下水储量、海平面变化、地震活动）的监测，许多从前人类似乎无法直接观测到的地质过程，都能够被实时记录下来。我们发现，与此前的认知不同，地球的步伐既没有那么慢，也没有那么恒定。

地球上的玄武岩

赫顿最初顿悟的是，与人类的寿命相比，地球的年龄可谓无限。这一点源于他的认知，即西卡角的不整合面代表了造山带"形成—倾斜—夷为平地"所需要的时间。那么，这个过程到底要花费多长时间？直到赫顿过世了大概 175 年，地质学家才弄清楚造山作用的驱动力（事实上，大约是在 20 世纪 60 年代叙尔特塞岛诞生时，板块构造理论终于解释了固体地球的运作方式）。今天，我们意识到，山脉生长的速度最终取决于大洋盆地（ocean basin，简称洋盆）的形成和破坏。

大陆地壳（continental crust，简称陆壳）是由年代和演化历史不同的多种类型的岩石混杂而成的；与此相比，大洋地壳（oceanic crust，简称洋壳）的成分简单且均一。洋壳全部由玄武岩（叙尔特塞岛的黑色火山岩）组成，而且这些玄武岩都是以相同的方式形成的：以高耸的洋中脊（mid-ocean ridge）为标志，由海底火山裂谷下方的地幔部分熔融而成。与小说和电影中的幻想场景相反，地幔（占地球体积的80%以上）并非一桶沸腾的岩浆，而是固态岩石（从地质时间的尺度来看，地幔是"流动"的）。每过几亿年，地幔就会通过热对流过程，像一盏巨大的熔岩灯[①]一样上下翻转：较热、具有浮力的岩石会从地下深处上升；而较冷、密度较大的岩石则会下沉。地幔对流（mantle convection）是地球主要的热损失机制（与开尔文勋爵的错误假设相反，他认为地幔是静态的，地球通过热传导作用逐渐冷却）。阿瑟·霍姆斯是最早提出地幔对流学说的人之一，彼时是20世纪30年代；如今，通过高压环境模拟地幔深处的矿物行为的实验表明，地球内部岩石的对流现象是不可避免的。

　　通常认为，洋中脊与对流的上升区域一致；在洋中脊处，地壳在拉伸作用下变薄，其下方是上升的炽热岩石流。然而，自相矛盾的是，在上升的岩石失去大部分的热量之前，并不会形成熔体。那么，是什么原因让一直呈固态的地幔岩石在接近地表时熔融呢？这个机制"违反"了我们的常规认知，造成地幔岩石熔融的原因并非热量的输入，而是压强的降低。水是一种完全反常的化合物，我们大多数人对于相态变化的理解都来自水。然而，与水不同，岩石具有正常物质应有的性质——在

——————————————
① 熔岩灯（lava lamp）又被称为"蜡灯"和"水母灯"。其"灯泡"内的液滴会缓慢地上下翻涌，如同流动的熔岩。——译者注

熔化时膨胀，在冻结时收缩。这意味着，如果岩石在地下某一深度处的温度接近熔点，并且压强降低（例如，向地表上升），那么岩石更倾向于转化为低密度相态的熔体，岩浆就此形成。该现象被称为**减压熔融**（decompression melting），即使岩石正在冷却，只要压强下降的速度快于温度下降的速度，减压熔融依旧会发生。[对于滑雪者和滑冰者来说，这一现象尤其难以理解，因为水的反常行为（压强**增加**，冰块融化）正是涉及冰面湿滑的冬季运动的基础原理。]

　　如今，在地球通过地幔对流冷却了45亿年之后，上涌的地幔岩石没有携带足够多的"热力量"来进行大规模的熔融。相反，洋中脊处的岩浆代表着地幔岩石中熔融温度最低的组分。这种局部或部分熔融的地质作用形成了玄武岩。玄武岩的成分与母体地幔不同——硅、铝和钙的含量较高，而镁含量较低。

　　每当一批新的玄武质岩浆上涌并充填大洋裂谷的中线时，前几批岩浆就会再次冷却成岩石，被推着向两侧对称地移动，这一过程被称为海底扩张（seafloor spreading）（见图7）。最新喷发而出的玄武岩与被其推至一旁的稍老的岩石相比，前者的温度更高、密度更小。每一批岩浆会在离开大洋裂谷原生地的过程中逐渐冷却下来。这就是为什么洋中脊像刚出炉的舒芙蕾[①]一样高高耸起。实际上，一条线索为板块构造理论的诞生提供了灵感：于20世纪60年代早期问世的深海−海底地图显示，洋

———————————

① 舒芙蕾（soufflé）是一种较为知名的法式甜品。——译者注

65

中脊的横截面形态本质上是一对呈镜像分布的冷却曲线（cooling curves）——两个滑雪板头对头放置在地上的形状。

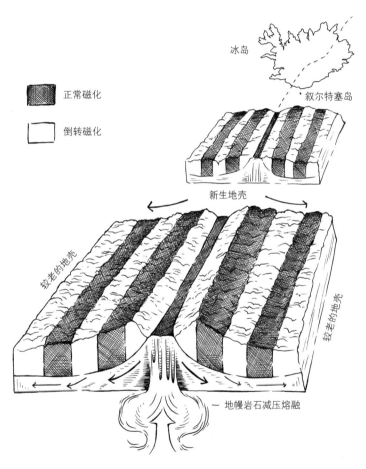

图 7 洋中脊、海底扩张与地磁倒转

畅游地图

让我们停下来思考一下。绝大部分的地表（深海海底）直到 20 世纪中叶才被绘制出来，这是多么地难以置信。即便是现在，大多数海底地形的分辨率也仅有 5 千米左右；甚至于，海底地形图比目前的金星和火星的地面图"模糊"了大约 100 倍。[1]更不可思议的事实是，第一幅海底地形图几乎由一人完成，其凭借一己之力绘制了三分之二的地表，而地球上的大众却对此一无所知［然而，两块大陆以制图资格令人质疑的阿梅里戈·韦斯普奇（Amerigo Vespucci）命名］。这位被埋没的制图师名叫玛丽·撒普（Marie Tharp），她于密歇根大学获得了地质学硕士学位，曾在一家石油公司短暂地工作过，之后于 1948 年加入了由哥伦比亚大学的莫里斯·尤因（Maurice Ewing）领导的一个新的海洋研究项目，担任制图师。[2]尤因的研究生团队全是男性，他们花费了数年的时间收集海底的声呐探测数据，而撒普则艰辛地将线性的深度读数转换成三维地形。

撒普用钢笔和墨水进行晕渲（shaded relief），煞费苦心地绘制了多幅精美的地貌图。这些地图显示，此前被认为是平坦无奇的海床，其实具有崎岖不平、环绕地球分布的海岭，以及深不见底的海沟。到了 1953 年，撒普注意到所有高耸的海岭的中部都存在下陷的凹地；她推测，这可能是地壳拉伸的证据。撒普将自己的想法告诉了尤因团队中的另一名成员布鲁斯·希曾（Bruce Heezen），他却愚蠢地将之视为"妇人之言"。不过，希曾和撒普在哥伦比亚大学成为密切的合作伙伴，共同绘制了一系列海底地图，这些地图颠覆了地质学家对地球的看法。1963年，两位英国地质学家在《自然》上发表了一篇论文[3]，首次阐明了海底扩张的概念（叙尔特塞岛正生动地演示着这一过程）；希曾（及地质学界在很久之后）终于承认撒普当初的观点是正确的。

1963 年那篇论文的作者弗雷德里克·瓦因（Frederick Vine）与德拉蒙德·马修斯（Drummond Matthews），是基于敏锐的几何论证提出的海底扩张理论，而不是第一手的地质观察资料（直到 10 年后，地质学家才能够直接观测这些海岭并取样）。瓦因和马修斯不仅可以查看撒普的地图，还可以从美国和英国皇家海军那里获取关于海底岩石磁性特征的数据。他们注意到，从洋中脊的山脊线向外，地形和磁场强度的读数均呈镜像对称；也就是说，磁化程度相似的岩石条带平行地排列在洋中脊的两侧（见图 7）。海岭的高度自山脊线起突然下降，就像萎缩的舒芙蕾或遇冷而收缩的岩石，一如所料。磁性条带的对称样式表明，洋中脊处陆续形成了几代洋壳，待它们冷却后，其中的含铁矿物会依据周围的磁场排列；然后，这些洋壳会一分为二，随着一个巨大的"传送带系统"向外移动。与此同时，地球磁场的极性会多次发生倒转，地磁北极与地磁南极互换位置，且时间不定（在那篇仅有 3 页的论文中，这是第二个颠覆性推论）。

20 世纪 70 年代初，通过对海底样品（由深海钻探取得）进行年龄测定，并将海洋磁记录与陆地上年代确定的火山岩层序的磁性倒转现象相关联，地质学家开创了一种界定地质年代的新方法，而且将**地磁**年代叠加在了含有生物地层学（以化石为基础）和**地质年代学**（使用放射性同位素校准）信息的地质年代表上。如今，由于地质学家已经充分掌握了每一次磁场倒转的日期，我们甚至不需要实体样品，就能够确定海底任意一处岩石的年龄——计算出它与洋中脊之间分布着多少个磁性条带即可。

在一幅展示了世界各大洋海底年龄的地图上，最引人注目的分布模式，是太平洋中所有年代的岩石条带都比大西洋中同年代的岩石条带宽得多。从 6 500 万年前的新生代开始（自恐龙灭绝以来），大西洋海底的扩张速度平均是每年 1 厘米左右，与人体指甲的生长速度属于同一个数量级。一方面，该速度其实很快，冰岛的辛格韦德利（Thingvellir）是全球为数不多的洋中脊出露在海平面以上的地方（也是公元 930 年维京人选择召开年度议会会议的地址），其游客中心的宽度与自维京时代以来地壳拉伸的宽度一致。

另一方面，大西洋海底的扩张速度其实也很慢，以至于自恐龙时代起每年都会游到大西洋中脊（Mid-Atlantic Ridge）的顶点繁殖并筑巢的巴西绿海龟（*Chelonia mydas*），似乎都没有注意到这一洋中脊已经远离原地约 1 100 千米。幸运的是，绿海龟出生的海滩并不是在太平洋，因为太平洋海底的扩张速度比大西洋高一个数量级，接近每年 10 厘米（略慢于毛发的生长速度）。如果这些速率仅仅反映了地幔对流的速度，那么为何地幔对流的速度会因大洋而异呢？

板块之力

玛丽·撒普绘制的非凡地图，为大西洋板块与太平洋板块在运动速率方面的明显差异提供了线索。特别是这些地图展示了大西洋和太平洋的洋盆边缘存在的重大区别：大西洋的边缘主要为浅海大陆架（continental shelf），如美国东部沿海地区，水深小于 200 米，而且被淹没的地壳逐渐让位于新形成的陆地。相比之下，太平洋的边缘则分布着令人眩晕的沟槽，如南美洲西海岸附近的秘鲁-智利海沟，其最深处低于海平面 8 千米。这些海沟标志着地壳俯冲（subduction）的位置；在那里，古老、寒冷的洋壳（遵循着与巴西绿海龟相同的本能）回到了自身的发源地。

当海底的玄武岩经历了 1.5 亿年左右的时间，距离其诞生的洋中脊数百千米远时，它的密度已与下伏的地幔相近。玄武岩会以倾斜的角度沉入地球内部，将板块的其余部分拖曳到身后，就像一张从床上滑落的毯子（见图 8）。几乎可以肯定的是，这种"板块拉力"为太平洋海底的快速扩张设定了"节奏"——海沟的形成速度无非与边缘的俯冲速度保持一致。相反，大西洋海底的扩张速度可能反映了更接近地幔本身的自然且庄重的步调。因此，地球的对流作用应该被视作"活盖"系统，因为板块不仅会随着地幔"节拍器"起舞，而且会在某些情况下设定自己的"韵律"，这最终决定了山脉的生长速度。然而，为了造山，首先要制造一些陆壳，而这一过程将我们带回了洋中脊。

70

71

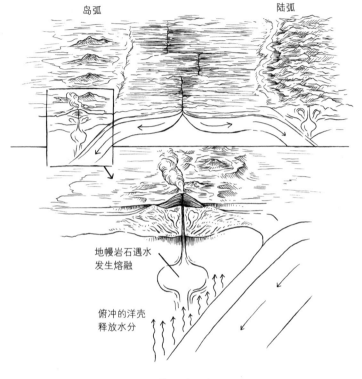

岛弧

陆弧

地幔岩石遇水
发生熔融

俯冲的洋壳
释放水分

图 8　俯冲带与火山弧

水的作用

　　瓦因与马修斯提出了正确的观点，即洋中脊的形态记录了几批玄武岩依序冷却的过程。然而，新生成的洋中脊玄武岩并不会像厨房里的舒芙蕾一样，自然而然且安静地释放热量。相反，玄武岩的热量会被夺走，寒冷的海水会经由玄武岩身上的裂缝和气孔竭尽所能地偷走热量，然后通过叫作**黑烟囱**（black smoker）的水下间歇泉快速逃跑。海水还会从这些年轻的岩石中窃取钙等元素，并留下钠，从而调节海洋的盐度。（当约翰·乔利试图根据海水的盐度来估测地球的年龄时，他尚不知道这一点。他得出的1亿年的年龄并非毫无意义，但该数值仅代表钠在海洋中的典型的滞留时间，而不是地球形成后经过的时间。）据估计，世界上所有的海水会在约800万年里流经洋中脊的岩石。[4]

　　然而，并不是所有渗透到玄武岩中的海水都能逃走。其中一部分海水会在错综复杂的通道中"迷路"，并与玄武岩内的矿物形成化学键，被长期封存在洋壳中。碰巧的是，这种偶然的海水截留现象是地球构造系统中最重要的组成部分之一。一个俯冲板块在沉入地幔的过程中携带了其此前"偷藏"的水。寒冷的板块慢慢受热，当它到达48千米左右的深度时，这些古老的海水终将被排出。我们通常认为，水循环是一种相对短暂的现象：水分子滞留在大气层内的平均时间约为九天；即便是在世界上最大的淡水湖泊苏必利尔湖（Superior Lake）中，水的滞留时间也仅有一两百年；深层地下水可能储存了上千年。不过，地球内部存在一个周期长达一亿年的水循环，而将水添加到地幔中，实际上是"制造"陆壳的关键步骤。

　　由于水的存在，在俯冲板块上方的地幔楔形体（mantle wedge，又称地幔楔）中，固态岩石会在比正常情况低得多的温度下发生熔融，就像盐会降低人行道上的冰的熔点一样。这种"水辅助"的熔融现象兼具创造力与破坏力：它最终会铸就新的陆壳，不过是通过地球上一些极为致命的火山完成的；这些火

72

山分布在俯冲带内的上覆板块中，正好位于俯冲板块释放截留海水的位置的上方。火山群通常会形成一个弧形的岛链（开阔的C形），这种形态反映了地球球面上的俯冲海沟的曲率，就像乒乓球上的凹痕往往呈现新月形。上覆板块同样是玄武岩质洋壳，这种火山链被称为**岛弧**（island arc），如日本、印度尼西亚、菲律宾群岛、阿留申群岛和新西兰北半部的岛弧。如果一个俯冲板块潜到某块大陆之下，由此产生的火山群就会形成一个**陆弧**（continental arc），如喀斯喀特山脉和安第斯山脉（见图 8）。

不论是岛弧还是陆弧，由水引发而成的地幔熔体（即岩浆）都必须穿过上覆板块才能到达地表。坚硬的地壳可能会像盖子一样阻碍岩浆的流动，使之被困在某处，而岩浆会聚集并熔融该处的一部分地壳。如同洋中脊处的情况，熔融温度低的成分最容易被分离出来，产生新的岩浆，这些岩浆含有更丰富的二氧化硅，比玄武岩更不像母体地幔。这种熔融过程多次发生，形成了逐渐"演化"的地壳，最终产生了花岗岩——大陆的"轻量级"原料。现代地球的板块构造是一个超凡的系统。洋壳的形成、成熟与最终消亡，都是陆壳形成的必要条件——包含出生、死亡和重生的完美轮回。

山地时间

只要进入海沟的地壳薄且致密，足以滑入地幔，大洋俯冲带就会平稳地运作（尽管未必是抗震的）。然而，如果板块拖入了"难以消化"的物质，如温度太高或太厚的洋壳、块状的古老岛弧（或一座永不沉没的大陆），"交通"就会停止运作。如果上覆板块是一个大陆，那么一场"重大连环车祸"是不可避免的，造山带自此生长。地球上最高的山脉，比如现今的喜马拉雅山脉，以及古时的阿尔卑斯山脉、阿巴拉契亚山脉和加里东山脉，都是在存在已久的俯冲带吞噬了整座洋盆且两个大陆相互碰撞的过程中形成的。

培育一条造山带需要多长的时间？以喜马拉雅山脉为例，海洋磁力异常（marine magnetic anomaly）记录的海底扩张历史，使得地质学家可以追溯印度板块的移动过程，它从晚白垩世的冈瓦纳古大陆（Gondwanaland，又称南方古陆）冲向当前所在的亚洲内部的位置。[5]印度板块被俯冲的洋壳向北拖曳，在3 000万年间横渡了大约2 500千米（这场马拉松的平均速度令人吃惊，每年超过8厘米），并于5 500万年前左右首次撞上亚洲大陆。从那时起，随着印度板块北部向亚洲大陆的下方楔入，喜马拉雅山脉开始抬升，两个大陆的地壳也通过断层作用和褶皱作用增厚。两个大陆继续会聚，变形现象自原始接触点向南北方向传播，被抬升和扭曲的地带逐渐扩大。

在20世纪60年代板块构造理论诞生之前，地质学家难以解释造山带的成因。许多地质学家认识到，山区典型的弯褶地层的形成，需要水平方向的挤压作用，但是在大陆位置固定不变这一当时的主流假设之下，其背后的驱动力令人费解。19世纪的奥地利地质学家爱德华·苏斯（Eduard Suess）意识到，阿尔卑斯山脉中的许多岩石形成于海底，此后不知何故被抬升到

74

了彼时的位置。(爱德华是汉斯·苏斯的祖父,汉斯发现,化石燃料在燃烧时释放出的"死"碳,会稀释大气中的 ^{14}C 含量。)他提出了一种设想,地球上的山脉类似于葡萄干上的褶皱,山脊由地球的萎缩形成,是地球稳定地冷却与收缩的结果——该设想与开尔文勋爵提出的关于地球内部热演化的观点一致。

艺术评论家、才智超群的博学者及阿尔卑斯山爱好者约翰·拉斯金(John Ruskin),是苏斯的同代人。他也本能地感知到,山脉并非静态的不朽的纪念碑,而是动态事件的记录。然而,对于拉斯金而言,阿尔卑斯山的形态让人联想到液体的流动性,而不是萎缩的葡萄干:"山峦表现出了动感与统一的行迹,近乎海浪……奇妙而和谐的曲线,被地下某种磅礴的波浪所支配,如同潮汐涌过整片山脉。"[6] 他还认识到,山脉"和谐"的形态代表了"山体**内部**的抬升力"与"水流对山体**外部**的雕刻力"相互抵消的结果。但是,这些相互抗衡的力量的运作效率如何呢?

喜马拉雅山脉的最高峰海拔约为 9 千米,而其所在地曾经是一片海岸。因此,将群峰的海拔直接除以 5 500 万年来估算它们的生长速度,似乎是合乎逻辑的;得出的结果为每年 0.015 厘米,一个不起眼的抬升速度。然而,这种简单的计算方式严重低估了造山的实际速度,因为一旦构造应力开始造山,高效的"侵蚀团队"便会就位,并开始拆除。因此,我们需要找到方法来单独衡量这些相互抗衡的地质过程。

如今,多亏了高精度的全球定位系统(global positioning system,简称 GPS)卫星,我们可以近乎实时地测量地表的抬升现象。在喜马拉雅山脉海拔最高的地区，也就是青藏高原，GPS 测得过去 10 年间的平均抬升速率为每年 2 毫米。这比板块会聚的速率（每年 2 厘米左右）小了一个数量级[7]，也反映了地壳中相当典型的垂直变形与水平变形的比值。不过，仪器测量的抬升速度，比忽略了侵蚀作用影响的长期估值要快 100 多倍。我们如何才能知道，基于现代 GPS 卫星估算的数值能否代表一段漫长地质年代中的抬升速率？随着"世界屋脊"逐渐崛起，它的顶部不断地遭受侵蚀，这个过程被地质学家称为**掘升作用**（exhumation）。曾经的"地下室"如今变为"顶层公寓"。为了重建长期的抬升速率，我们需要知道有多少"楼层"被拆除，以及拆除的速度有多快。

　　有几种方法可以计算出山脉的头顶存在多少被剥蚀掉的岩石。一种是确定现今地表上的岩石在过去某时位于多深的位置。这可以通过**裂变径迹年代测定**（fission track dating）技术来完成。该技术主要由石油公司研发，用以重建沉积岩的热演化史，进而预测它们是否生成了石油或天然气（沉积物的温度需足够高，以便其中的有机质被恰到好处地"烧煮"，但又不会被燃烧殆尽）。

　　裂变径迹年代测定利用了铀同位素的属性；丰富的 ^{238}U 不仅具有放射性，而且拥有不稳定的原子核，其原子核会在自发裂变（spontaneous fission）事件中以已知的速度分裂。我们可以在高倍率放大之后看到，锆石（地质年代学的宠儿）和磷灰石（apatite，牙齿和骨骼所含有的矿物）等含铀矿物，以"裂变径迹"（核裂变产生的辐射损伤）的形式保留了这些高能事件的

76

可见记录。每一种含铀矿物都有一个特定的温度，超过该温度，晶格就能够自我修复并消除这些损伤，就像一张被摇匀的蚀刻素描（Etch-a-Sketch）①。相反，低于该温度，裂变径迹的"蚀刻"痕迹将继续保留在晶体中。因此，通过计算某种矿物一定体积内的裂变径迹的密度，我们就有可能确定，在该矿物于地壳内的特定温度（和深度）冷却之后，经过了多长的时间。喜马拉雅岩石的裂变径迹**热年代学**测定结果表明，基于几十年的GPS 卫星数据算出的现代抬升速率，实际上与地质年代尺度上的抬升速率一致。[8]

去日留痕

另一种估算山体剥蚀量的方法是观察堆积在山脚下的沉积物的体量，它们就像理发店地板上的碎发一样。对于喜马拉雅山脉而言，被剥蚀下来的绝大多数的岩屑在海底聚集成了两座巨大的扇形沙堆 —— 印度河海底扇与孟加拉海底扇；在过去的5 000 万年间，印度河、恒河和雅鲁藏布江一直在此处卸载沉积物。在玛丽·撒普绘制的海底地形图上，印度河海底扇与孟加拉海底扇如同长长的舌头，悠悠地延伸到印度洋的海底。孟加拉海底扇是世界上最大的海底扇。它从孟加拉国海岸（完全由喜马拉雅山脉的剥蚀物组成）的河口处（恒河与雅鲁藏布江的交

①　蚀刻素描是一款绘画类玩具，玩家需要旋转左右两个旋钮来控制面板上的画笔绘画。如果对绘制的图案不满意，可以通过"摇动"来清空画板。——译者注

汇处）向南延伸了 3 000 千米。如果将孟加拉海底扇叠加在美国大陆上，它会从加拿大边境一直延伸至墨西哥，而且在近一半的长度中，扇体的厚度超过 6.5 千米。

印度河海底扇 9 与孟加拉海底扇 10 的钻探和地球物理勘探结果，显示出了一个令人印象深刻的上下颠倒的蚀顶（unroofing）过程。从喜马拉雅山脉（形成初期）的顶部剥蚀下来的岩屑，如今已成为巨型深海沉积物的最底层。孟加拉海底扇自身的总体积，预计就有 1 250 万立方千米 11，比现今青藏高原地壳出露在海平面之上的体积还要大。12 也就是说，侵蚀作用从喜马拉雅山脉搬离的岩石，比造就了"世界屋脊"的岩石更多。这一事实让赫顿（与迪伦）提出的看似简单的问题（夷平一座山脉需要多长的时间？①）变得更难以回答。那么，我们讨论的是哪座山脉？要知道，喜马拉雅山脉已经存在了 5 500 万年，当今的"世界屋脊"与遗留在印度洋海底的扇状"山脉"早已不同。

山脉（或任何景观）的无常天性，是岩石记录中的不整合面（例如，由赫顿发现的著名的西卡角露头）如此迷人的原因之一。不整合面保留了被埋藏的地形，使人们得以窥见早已消失的远古地貌。威斯康星州的巴拉布山区（Baraboo Hills）是地质学野外考察的"圣地"［也是已解散的曾号称"地球上最伟大的表演"的玲玲兄弟与巴纳姆和贝利马戏团（Ringling Bros. and Barnum & Bailey Circus）的所在地］，更是全球古地貌保

78

---

① 这里指鲍勃·迪伦的歌词"一座高山要挺立多久，才会被冲刷入海"。——编者注

存得最完好的地区之一。这条形成于 16 亿年前的前寒武纪山脉，
在古生代早期海水席卷现今的五大湖（Great Lakes）地区时，
被几十米到几百米厚的海洋沉积物所掩埋。如今，这些古生界
岩石所遭受的侵蚀作用已经达到了一个阶段，足以令前寒武纪
与古生代这两个世界之间的不整合面出露在许多地方。隐藏已
久的山脉正在自然露出或被人为挖掘出来，这让现代的地表接近
于元古代晚期的地貌。有趣的是，这片古老的景观启发了两位伟
大的环境思想家：约翰·缪尔（John Muir），其幼时，全家从苏
格兰移居到了巴拉布山区；奥尔多·利奥波德（Aldo Leopold），
其所著的《沙乡年鉴》（*A Sand County Almanac*）便是以原始的
巴拉布山区为背景。虽然世界上的其他地方（甚至是威斯康星
州）分布着更苍老的岩石，以及更远古的山脉的残根，但巴拉
布山区珍藏着地球上最古老的**地貌** —— 这确实是一场"伟大的
表演"。

群山生机盎然

从喜马拉雅山脉上剥落的沉积物告诉我们，虽然山体的隆
升速度和掘升速度会随着时间的推移发生一些变化，但平均数
据仍在 GPS 观测与热年代学方法（如裂变径迹年代测定）估测
的范围内。这是一个令人欣慰的结果，符合均变论；莱伊尔或
许会感到满意。这些体量巨大的沉积物也强调了一项关于地球
的惊人事实：由地球内部的放射性衰变热（radioactive heat）驱

79

动的构造作用的速度，与由重力和太阳能驱动的外部侵蚀营力（如风、雨、河流、冰川）的速度，碰巧势均力敌。[13]用理发店的场景来比喻，这就像顾客头发的生长速度与理发师剪发的速度一样快。虽然山脉的构造"生长"与侵蚀"修剪"都是以平均步调从容地推进，但它们还不至于慢到人类无法感知的地步。

塑造了地貌的各种过程此起彼伏又如此相称，这是地球卓越的属性之一。其他岩质行星及卫星的地形之所以看起来很"异类"，正是因为塑造地貌的创造性营力和破坏性营力未能在速度上获得平衡。对于地球而言，如果构造作用的速度远远超过侵蚀作用的速度，山地高原就会维持更长的时间，从而形成广阔的高山栖息地；如果侵蚀作用的速度大于构造作用的速度，大陆就会变得更低矮且更崎岖，河流会将更多的沉积物输送到大陆架上，进而剧烈地改变沿海地区的环境。无论是何种情况，陆地上与海洋中的生命都将面临自然选择的压力，演化很可能会遵循其他的路径。然而，生命本身就能够改变塑造地貌的地质作用：强有力的证据表明，在志留纪早期（约4亿年前），植物在陆地上的扩张减缓了全球的侵蚀速度，并造就了河道清晰的溪流。[14]（人类仅用几百年的时间就扭转了这一趋势；据估计，现代的侵蚀速度——因森林滥伐、农业、荒漠化和城市化而加速——比地史上的平均速度高出了好几个数量级。[15]）

值得注意的是，在地质年代中，生物演化的速度与构造演化和地貌变迁的速度十分吻合。这一点在夏威夷群岛表现得尤为明显。夏威夷群岛是太平洋板块在经过一个深层"热点"（hotspot）

时由西北到东南依次形成的；在热点处，地幔岩石上涌并发生减压熔融现象。对夏威夷各个岛屿的生物多样性的长期研究表明，适应辐射[①]（adaptive radiation，突然的演化创新）与每个岛屿的火山作用相匹配；然后，随着侵蚀作用占据上风，岛屿的面积与海拔会减小，适应辐射现象也会趋于平缓。[16] 当然，达尔文关于演化的初始想法，就是来自同样年轻的加拉帕戈斯群岛（Galapagos Islands）上的物种多样性（然而，他当时并不知道加拉帕戈斯群岛的年龄）。我们可以想象，在另一颗截然不同的星球上，由于地表形态变化得过于快速，宏观生命的演化无法与之匹配；好比芭蕾舞乐团演奏得太快，舞者们跟不上节奏。幸运的是，地球"乐团"的所有成员（火山、雨滴、蕨类植物、鸣禽等）都在同步演奏。

降雨和地形

如果我们深入观察山脉的形成过程，就会发现构造作用与侵蚀作用之间存在一种更为微妙的关系。这也让赫顿与迪伦提出的谜题变得更加复杂。首先，侵蚀速度取决于天气和气候，而构造地形能够同时改变两者。就像航空安检处只允许旅客携带少量的液体登机，气团也会在越过山脊线时被迫卸下水分，在背风面形成雨影（rain shadow）[②]，进而导致整座山脉的侵蚀速

[①]   短期内单一世系成员的演化趋异和大规模多样化。——译者注

[②]   雨量显著偏小的区域。——译者注

度不对称。在印度，喜马拉雅山脉的存在直接影响着每年雨季的降水强度，而降雨则导致陡峭的山麓地带受到剧烈的侵蚀作用。从另一个角度来看，青藏高原的雄伟海拔在一定程度上要归功于山脉本身所创造的干旱条件。然而，干旱气候导致植被缺乏，使得斜坡更容易遭受山体滑坡的破坏。山脉在自身生长的过程中创建了复杂的气候系统，而这套系统反过来又决定了山脉的演化前景。[17]

81

巨型造山带，如喜马拉雅山脉，甚至可以改变全球的气候。白垩纪期间，在印度板块与亚洲大陆发生碰撞之前，地球拥有温室气候，未发育冰川与冰帽（ice cap）。一片内陆海覆盖了北美洲的大平原（Great Plains）地区，紧邻明尼苏达州西部。在 4 000 万年左右的时间里，海底扩张的速度异常快，导致大气层中来自火山喷发的二氧化碳（CO_2）的含量高于平均水平。一些恐龙甚至生活在高纬度的北极地区。自新生代早期起，大约在喜马拉雅山脉开始降升的同时，地球的气候进入漫长的冷却期（过去 5 000 万年的气候特征）。许多地质学家认为，全球变冷与喜马拉雅山脉的形成存在因果关系。特别是在地质年代中，雨水对岩石的化学风化作用是降低地球大气层中 CO_2（最丰富的温室气体）含量的重要机制（见图 9、第四章和第五章）。

在尚未出现人类活动时，CO_2 主要来自火山喷发。在大气层中，CO_2 会与水蒸气混合，形成一种弱酸（碳酸，H_2CO_3）；随着时间的推移，这种弱酸能够有效地溶解岩石。许多地壳岩石都含有钙，河流会将溶解的钙离子（Ca^{2+}）输送到全球各大洋

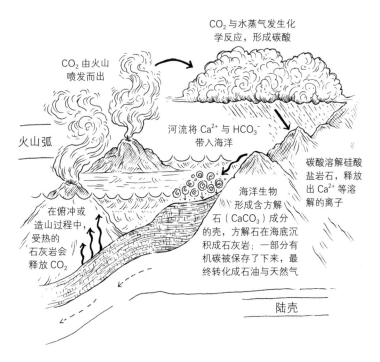

图 9　长期碳循环：山脉的风化作用调节着大气层中的 CO_2 含量

82　之中。海洋里的生物体，从珊瑚、海星到单细胞浮游动物，会将 Ca^{2+} 与碳酸氢根（HCO_3^-）相结合，生成以方解石（$CaCO_3$）为主要成分的壳和外骨骼。整个过程可以简化成一系列化学反应：

$$岩石风化 \rightarrow 离子溶解于河流 \rightarrow 形成石灰岩$$
$$CO_2+H_2O+CaSiO_3 \rightarrow Ca^{2+}+2HCO_3^-+SiO_2 \rightarrow CaCO_3+SiO_2+CO_2+H_2O$$

合成碳酸　岩浆岩的　溶解的　碳酸氢盐　　　海洋生物　二氧化硅
　　　　　简化组分　钙离子　　　　　　　分泌的方（被海绵等生
　　　　　　　　　　　　　　　　　　解石　物体利用）

83　　　　不过，从调节气候的长远视角来看，最关键的一步是，在分泌方解石的生物体死亡后，它们的矿物质残片会落到海底，形成石灰岩，将大气层中的二氧化碳以固体形式封存起来，保存数千万年。

这就是地球的长期碳固存（carbon sequestration）计划（一项被大大低估的生态系统服务[①]），而且当大量新鲜的岩石表面可以进行化学风化作用时，比如形成喜马拉雅山脉这种规模的造山带，碳固存的效率会更高。因此，喜马拉雅山脉的生长不仅影响了局部和区域性的天气模式，还影响了全球范围内的气候甚至地形，并最终帮助地球进入冰期，其间形成的冰川和冰帽重塑了世界各地的地貌。

巅峰的演绎

侵蚀作用与造山运动之间的另一种更为微妙且违反直觉的关系，涉及造山带与地幔相互作用的方式。我们已经知道，山脉的形成源自构造碰撞与地壳增厚，而如此多的岩石堆积在同一处，增加的重量会导致脆弱（尽管是固体）的上地幔（**软流圈**，asthenosphere）发生位移，就像一艘满载的船只下方的水体。然而，一旦山脉停止增长（例如年轻却不再活跃的阿尔卑斯山脉），侵蚀作用就会占据上风，减轻地壳的负荷。这使得之前发生位移的上地幔流回原来的位置，山脉上升，如同一艘卸

---

① 生态系统服务是指生态系统为人类社会的运转提供的有形或无形的资源与服务的能力。——译者注

空了货物的船只［**地壳均衡回弹**（isostatic rebound）现象也会发生在以前被厚厚的冰川覆盖的地区[18]］。通过这种方式，侵蚀作用反而有助于抬升山脉。[19]

84　　　在山脉的整个生命过程中，地壳变形、气候、侵蚀和上地幔位移好像在共同演绎一支舒缓的互动式舞蹈，每位"舞者"都影响着其他人的运动。不过，大家的慢动作"编舞"有时会被突如其来的跃步和小跳打断。查尔斯·达尔文曾随"小猎犬"号探险队在智利经历了一场大地震，他可能是第一个推测出这些破坏性事件实则有助于造山的人；彼时，人们尚未完全破解地震的成因——断层的突然滑动。达尔文注意到，一层"腐烂的贻贝壳"被地震抬升到了高潮线以上3米处。于是他推测，自己在海拔高达180米的地方发现的古老贝壳层，是被"连续的小型抬升运动"（伴随地震而来或引发地震的抬升运动）移动到该处的。[20]与此前一样，达尔文是对的。

　　大多数的地质作用因耗时极长而难以研究。地震则不同，人们可以实时感受到地震的影响，但震源通常位于人类难以抵达的深处。从未有人直接见证过地震发生时断层面的情况。不过，近一个世纪，地震学研究将弹性波（elastic wave）理论、实验岩石力学（experimental rock mechanics）与古今断裂带的分析成果整合在了一起，能够从地震图（seismogram）记录的曲线中提取多种类型的定量推论。规模最大的地震是发生在俯冲带中的里氏9级（M9）**大型逆冲**（megathrust）事件，例如2004年的印度尼西亚大地震和2011年的日本大地震。在正常的背景构造速度下耗费数百年才能造成的地壳变动，对于此类地质事件而言，只需几分钟的时间。

2004 年的苏门答腊岛（Sumatra）地震极具毁灭性，并且引发了海啸。令人震惊的是，板块边界处长达 1 100 千米的地带被激活了。[21] 在地狱般的 10 分钟内，水下的板块裂缝以超过平均每秒 1.6 千米（即每小时 5 760 千米）的速度，从震源一路向北延伸。其间，承载着印度尼西亚的巽他板块（Sunda Plate）向西平均倾斜了 20 米（相当于正常情况下板块在 1 000 年间移动的距离）。随着板块边界处的每一段依次滑动，强烈的地震波（地震发生时地面晃动的原因）形成了，并以每秒 3～5 千米的速度呈同心圆状向外传播，如同池塘里的涟漪。计算这些速率不仅仅是学术研究的需求。虽然破裂前沿（rupture front）和地震波的速度很快，但电磁波（能够传输数字信息）的速度更快。在印度尼西亚、日本等地震高风险地区，地震和海啸警报系统已经被安装在了手机中，希望在未来遭遇天灾时，关键的几秒预警可以帮助拯救生命。

虽然我们无法准确地预测大地震将于何时何地发生，但可以非常肯定地说，未来会有更多的地震等待着我们。近一个世纪以来，世界各地使用仪器记录地震事件；数据显示，平均每几十年，地球的某条俯冲带附近就有可能发生一场 M9 大型逆冲地震。通常而言，在全球所有类型的断层上，每年都会发生一两场 M8 地震和数十场 M7 地震。[22] 在地震多发地区建造抗震房屋，应该是世界人道主义的首要任务之一。到了 21 世纪，一场 M7 地震不应该再造成 10 万人死亡：看看 2010 年 1 月海地地震引发的人间惨剧。当一场地震摧毁一座城市并夺走数千人的生

85

命时，我们震惊的模样与中世纪的人别无二致。

86   断层的逻辑

几十年来，地球科学家认为，断层以两种截然不同（表现在速度方面）的模式来适应地壳的变形：在地震期间，快速且剧烈（每秒移动数米）；在其他时间，缓慢且稳定（每年移动几厘米）。此外，在如此不同的时间尺度下，断层带（fault zone）处发生的物理现象似乎没什么共同点。因此，依据传统，研究地震的地震学家与研究造山带的构造演化的地质学家（"构造"地质学家，比方说我）分属于两种学术派别。然而，近期这两个学术领域已经开始交融。20 世纪 80 年代末，地质学家有时会在古断裂带中发现一种独特的玻璃质岩石；其名称烦琐，为**假玄武玻璃**（pseudotachylyte）。研究表明，假玄武玻璃是局部摩擦熔融的产物，而该现象仅在地壳的滑动速度达到每秒数米时才会产生，即地震期间。这一发现使得地球科学家能够直接观察断层在震源岩石上方滑动所产生的物理结果。自 2000 年开始，结合了高分辨率 GPS 地面运动监测设备与更强大的数据处理系统的新一代地震台阵（seismic array）[1]，帮助我们发现，断层的行为比人类想象的丰富得多。

如今地球科学家已经记录到了被称为**慢地震**（slow earthquake）

---

[1]   地震台阵是一种较为复杂的地震观测系统，能够突出有效的地震波信号，并获取有关震源及地球内部结构的信息。——译者注

的中等事件。其介于以背景构造速度进行的长期"蠕变"（creep）事件与在几秒到几分钟内发生的常规地震事件之间，持续时间为几天到几周，产生的震动具有极低的频率，以至于此前被认作噪声。与破裂速度高达每秒数千米的常规地震相比，慢地震以每日 16～32 千米的速度（甚至是步速）沿着断层带"沉着地"传播。奇怪的是，其中一些慢地震在事件之后会原路返回，而且返回的速度比原先传播的速度稍快，[23] 就像一个徒步旅行者为了捡起掉在地上的手套而迅速折返一样。更奇怪的是，一部分断层带上会规律地、神秘地、间隔地发生慢滑动（slow-slip）事件。例如，在美国华盛顿州和加拿大不列颠哥伦比亚省沿海的卡斯凯迪亚俯冲带（Cascadia Subduction Zone）处，慢地震的发生周期为 14 个月，但其意义尚未可知。[24]

　　目前为止，缓慢地震活动的成因与后果仍旧成谜。许多地质学家认为，这些事件可能与渗透到变形岩层中的流体有关；若是如此，古老岩层中的矿化裂缝，即岩脉（vein，多种金属矿石的来源），实际上可能是古时慢地震的记录。虽然这个概念十分新奇，但更重要的问题是，缓慢的地震与突发的破坏性地震之间存在何种关系。慢地震究竟是通过一点点地释放能量来减轻断层的压力，还是预示着潜在的规模更大的灾变性事件（catastrophic event）？[25] 世界各地（美国西部、新西兰、日本和中美洲）断层带的研究结果表明，对于不同的深度与断层带而言，该问题的答案可能不尽相同。这是一个令人不安的结论。此外，从几百年到上千年的时间尺度来看，断层可能拥有人类目前还无法观测到的隐秘习性。

87

山脉的崩塌

造山运动通常泰然自若地进行，但有时会"冒进"。与此相似，山脉的崩塌也在连续与突变的状态下交替进行。我们以为，人类在千岩万壑的高山景观中瞥见了永恒。事实上，当山脉引发人们对于无限的思考时，它们自身却在步入死亡。雄伟的山峰与壮丽的岩壁只是造山运动暂留于世间的痕迹，是一个"痴迷于雕刻的团队"最新的作品——水、冰、风在重力的作用下进行的艺术性合作。即便如此，当坠落的岩石在约塞米蒂国家公园里珍贵的悬崖表面留下凹痕，或者破坏了新罕布什尔州中标志性的"老人山"（Old Man of the Mountain）时，人们仍旧会感到震惊。**地貌学**（geomorphology，研究景观的演化）领域的一些研究成果表明，在山区，偶发的滑坡与大规模的边坡破坏（slope failure）[①]是山体最重要的侵蚀机制，而河流（此前被认为是侵蚀作用的始作俑者）只是在山体被侵蚀的几十年到几百年间清理残局。[26]

地震当然也会诱发山体滑坡。不过，在某些情况下，地震造成的滑坡（如 2008 年令人悲痛的汶川大地震）实则会抵消地震引发的构造隆升（前文中讲过，地震往往有助于造山运动）。[27]换言之，山地景观的形成与破坏是密切相关的，两者的主导因素可能并不是长期且乏味的均变现象，而是短期的突发性灾变现象。

---

① 边坡处的岩体发生明显变形、滑动、塌落、倾倒的现象。——译者注

有地质证据表明，远古时代的边坡破坏事件的规模，远远超过人类自诞生以来经历过的所有的边坡破坏事件；它们是如此极端，就像糟糕的末日科幻电影中的荒谬场景。举例来说，约 7.3 万年前，佛得角（Cape Verde，位于非洲西海岸）群岛中某座火山岛屿的一侧发生了灾难性的崩塌，由此形成的海啸将重达 90 吨的巨石抛到了 50 千米之外的一座小岛上，这块巨石落在了 180 米高的地方。[28] 大多数人都知道，黄石公园位于一座休眠的超级火山（曾在难以想象的巨大喷发中爆炸）之上；然而，黄石公园外的一座山脉记录了一场更为骇人的远古灾难。位于怀俄明州的哈特山（Heart Mountain，曾是第二次世界大战期间日裔美国人战俘营的所在地）属于一个厚达 1.6 千米、大小与罗得岛（Rhode Island）相似的板块；该板块曾在 30 分钟的时间里在一个平缓得惊人的坡面上飞驰了 50 多千米（速度相当于高速公路上的汽车），也许其借助了身下的过热气体。[29] 这些规模极大的地质事件提醒我们，人类并不能通过短暂的视角观察到地球的全部习性，而我们认为的"正常的"景观过程，可能更像是灾后救援人员试图恢复基础设施的活动。查尔斯·莱伊尔想必不会赞同这个观点。

89

未知的领域

了解地形突变所带来的持续影响是十分重要的，因为人类如今是地貌灾难的推手。"掀顶采矿法"（mountain top removal，听上去像一个外科手术用语）移动的岩石数量堪比规模最大的自然灾害。在阿巴拉契亚山脉的部分地区，旧时的地形图已无法再提供参考价值。2016 年，一项关于西弗吉尼亚州南部地貌突变现象的研究表明，自 20 世纪 70 年代以来，矿业开采者从山顶移走了大约 6.4 立方千米的"超负载"废石，并将它们倾倒在了溪谷的上游。[30] 这一数量与恒河和雅鲁藏布江（这两条大河流经地球上最雄伟的山脉）在 10 年内向孟加拉海底扇输送的沉积物的总量相当。而且，这仅仅是在西弗吉尼亚州的南部。

90　　人类对景观的大规模破坏，会造成广泛且持久的影响。原先，树木在基岩顶部固定土壤；而如今，一堆堆几十米至上百米厚的矿山废料覆盖了山坡。在自然界中，河流会持续塑造山坡的形态，直至达到**夷平**（graded）阶段 —— 山体的坡度刚好能够让水流的速度与沉积物在山谷中的堆积速度保持一致。在阿巴拉契亚山脉被毁坏的山谷里，填满了沉积物的高地溪流不得不英勇地处理极大量的废石。估测该过程的用时是相当困难的，因为几乎没有一种地质现象能够达到如此严重的失衡状态；几十万年，或许只是保守的估值。科学家预测了人为地貌破坏对地表水和地下水的化学性质，以及原生动植物命运的影响（短期与长期），结果同样发人深省。而人类在"无头"山脉的阴影下所遭受的心理影响，更是无法量化。

在全球范围内，人类移动的岩石和沉积物，比地球上所有河流搬运的物质总量还要多；其中既包括蓄意的采矿活动，也包括通过农业与城市化加速侵蚀的无意行为。[31] 因此，我们不能再假设自然地理的特征能够反映地质作用的结果。在英格兰南部，由于人类活动对海岸线的改造，加之气候变化带来的海水侵蚀与风暴强度增加，著名的白垩断崖（chalk cliff）后退的速度已经从每年几厘米加速到了每年几米。[32] 尼罗河三角洲（Nile Delta）每年下沉 2.5～5 厘米，因为阿斯旺（Aswan）等地的水坝阻断了沉积物。[33] 此外，由于一场无意间形成的"完美风暴"，路易斯安那州沿海地区的土地正在以**每小时**一英亩（约为 4 047 平方米）的速度流失：贯穿北美洲大陆的密西西比河道工程，已经大大地减少了沉积物的供应。就在此时，石油和天然气的开采导致陆地下陷，而海平面正在不可逆转地上升（人类消耗油气造成的间接结果）。[34] 与此同时，在俄克拉何马州，我们重新唤醒了长期休眠的断层，水压致裂（hydrofracturing）等油气开采技术所产生的废水被注入了地下深处，诱发了地震。[35]

人类对地球地形的改造达到了前所未有的程度，这是人类世（Anthropocene）概念的论据之一；人类世是一个新划分的地质年代，以人类作为一种全球地质作用力的出现为标志。我们的确在改变大陆的布局，重新绘制世界地图。不过，这对于一个日新月异、历经沧海桑田的星球来说，重要吗？对于地球本身而言，这无关紧要，因为它最终会根据自己的喜好，逐渐地（均变）或灾难性地（灾变）重塑一切。然而，在人类的时间尺度上，我们对地理环境的破坏将造成挥之不去的恶劣影响。因侵蚀而流失的土壤、被上升的海水入侵的沿海地区、为资本主义献祭的山顶，在我们的有生之年都无法恢复。这些改变将在诸多方面（水文、生物、社会、经济和政治）引发一系列副作用，它们会决定人类未来几个世纪的议程。换句话说，轻率地忽视过往的地质作用，意味着人类放弃了对自身未来的掌控。

1788 年，当詹姆斯·赫顿在波涛汹涌的西卡角看到不整合面时，他想象着移走一座山脉需要数十亿年，于是得出了地质时间是无限的这一结论。然而，在 200 多年后，我们能够计算出山脉的生长与消亡所经历的时间。这个闻名遐迩的不整合面（将志留系地层与泥盆系地层分割开来）代表的并非无限，而是 5 000 万年左右；这段时间足够建造与摧毁一条造山带，包括大陆碰撞、断层位移与偶尔的陡然倾斜、雨水侵蚀、山峰崩塌、地幔岩石流动。如今，我们甚至可以实时地观察固体地球的运作状态。我们发现，地球自然运作的步调与人类感受到的相差不大；事实上，这颗古老的行星拥有各式各样的节奏，其中一些节奏快得令人震惊。研究固体地球的习性，可以教会人类尊重塑造地貌的地质作用（均变与灾变）的力量。

19 世纪的地质学家认为，地球只会缓慢地发生变化。这种延续至今的观点让我们误以为地球是无动于衷且永恒存在的，无论人类做什么，都无法显著地改变它。该观点也使我们将地球的间歇性调整（如火山岛屿的诞生、M9 地震）视作异常现象；实际上，这些事件对于地球而言都是常规操作。如今，人类已经足够强大，可以"抓伤"和"砸伤"地球，留下累累疤痕，但我们将不得不自食恶果。与此同时，地球将继续缓慢地修复自身，并时不时地安插"翻新项目"，这些项目将清除人类最引以为傲的建筑物。

92

大气层的变化

我们在这里感受到施于亚当的惩罚，

四季的变幻，如冰冷的獠牙

及凛冬寒风的粗暴责骂，

它撕咬并重击我的身体，

即使冷得战栗，我依旧微笑着说：

"这并非谄媚。它们是忠臣，

谆谆告诫着我是何种人。"

··

我们的这种生活，远离喧嚣，

却能够在树丛间发现言语，在流淌的小溪中发现书卷，

在岩石中发现训诫，在万物中发现美好。

我不愿改变它。

——威廉·莎士比亚，1599 年《皆大欢喜》

（*As You Like It*），第二幕，第一场

无用的安慰

直到 19 世纪后期，斯瓦尔巴群岛的许多地理景观才拥有正式的名称；在我进行研究生野外考察的地区，一些景观命名自当代地质学家，以纪念他们的贡献。一座巍峨的山峰以约恩斯·雅各布·贝尔塞柳斯（Jöns Jacob Berzelius）命名，他是"瑞典化学之父"与矿物学先驱者。一座相对隐蔽的拥有六条瑰丽冰川的峡谷，被称为"钱伯林达伦"（Chamberlindalen），以纪念美国威斯康星州的地质学家 T. C. 钱伯林（T. C. Chamberlin），其最先绘制出了五大湖地区冰川沉积物的分布图。一个狂风呼啸、延伸到北冰洋内的海岬，则叫作"莱伊尔角"（Kapp Lyell），目的是纪念这位伟大的均变论倡导者。

20 世纪 80 年代，我本人在斯瓦尔巴群岛从事的研究工作，有点儿"倒退"回了 19 世纪：通过描述未定名的岩石单元及其分布范围来绘制区域地质图，收集用于分析的样品，以及对研究区域的地质史做出初步的解释。在世界上的大多数地区，这种野外勘察工作早在几十年前就已完成。

我们用来标注地质观察结果的底图，是二十世纪二三十年代手绘地图的放大版。我爱图上优雅、倾斜的字体，以及为了配合冰川与海岸线的弧度而弯曲排列的文字样式。不过，**等高距**（等高线之间的距离）高达 50 米（如同孔隙非常大的筛子，会遗漏相当多的地形）。因此，在野外勘探时，我们会在航拍照片上做笔记，这些照片由挪威极地研究所拍摄于 20 世纪 30 年代和 50 年代（因绝望的战争年代而中断，彼时挪威正为生存而战，U 型潜水艇甚至潜伏在了偏远的斯瓦尔巴群岛的峡湾中）。然后，每天晚上，在子夜太阳（midnight sun）的光辉下，我们将之前记录的信息誊到地图上。这种航拍照片（如今大部分被卫星图像所取代）是相互重叠的，当我们使用立体眼镜观看时，地形特征会呈现出夸张的 3D 效果，就像透过老式的"三维魔景机"（View Master）玩具看到的场景一样。（一些经验丰富的野外地质学家可以通过放松眼部并稍稍对眼来达到同样的效果，但我尚未习得此项技能。）我们很快便意识到，在航拍照片上标示位置时，必须要谨慎，因为冰川边缘的实际位置通常比旧照片上的位置更靠近山谷上部。这些都是时间即将降临在"不受时间控制的"斯瓦尔巴群岛上的先兆。

　　在随后的几年里，我很幸运地在斯瓦尔巴群岛其他地区及加拿大北极地区的冰川景观中开展地质工作，这些冰川美得不可方物。然而，直到 2007 年，我才重游莱伊尔角，当时距离我上一次见到它已过去了整整 20 年。回到年少时刻苦研究的地方，我深切地感受到了自己在这 20 年间发生的巨大变化——经历了婚姻、学术生涯、三个儿子的出生与配偶的离世。尽管如此，我还是期望，那些烙印在我记忆中的风景能够或多或少地保持原样。怪异的是，我们的老营地丝毫未动，其间还摆放着我们用来固定厨帐的大石头。但是，其他的事物几乎都发生了剧烈的变化。这一次，我们团队能够在 6 月中旬之前乘船到达该地，比 20 世纪 80 年代到达的时间要早几周，因为当年的海冰甚至还未到达斯瓦尔巴群岛的南部。[事实上，这是传奇的西北航

95

道（Northwest Passage）①史上第一次没有结冰。〕这意味着，曾经在夏日里悠闲地随着浮冰漂流、以海豹为食、从未给我们带来太多麻烦的北极熊，如今在陆地上四处走动，饥肠辘辘地盯着一群地质学家。更令人不安的是，钱伯林达伦峡谷中所有熟悉的冰川，都从洁白丰盈的模样变成了"病态的灰色幽灵"，远远地后退到了山脉的后壁（headwall）处。近 20 年间，我一直在大学课堂上展示气候变化的证据；相关的事实与论据，我就算睡着了都能背出来。只是，目睹一个如此熟悉的地方发生令人心痛的变化，就像来到了无比期待的老友聚会，却发现友人们全都病入膏肓。"莱伊尔角"这个名字现在看起来颇具讽刺意味；这可不符合均变论。放任斯瓦尔巴群岛长期处于冰期沉睡状态的时间，正以复仇之势卷土重来。

神秘的大气层

　　斯瓦尔巴群岛的冰川骤变清楚地表明，即使是靠近地球一端的偏远之地，也会通过大气层与世界的其他地区相连。从比例方面来看，地球的同心圆状圈层构造与桃子的结构惊人地相似：铁质地核对应桃核，由岩石构成的地幔对应果肉，地壳则对应果皮。大气层的厚度也与桃子表面的茸毛长度相似；大气层从地表向上延伸 480 千米，但大部分的质量集中在底部的 16

---

① 西北航道穿过加拿大的北极群岛，连接大西洋与太平洋，是北美洲大陆上具有历史意义的海上航线。——译者注

千米内。无处不在却几乎不可见的大气层，是这颗擅于调节自身状态的星球提供的了不起的"便利设施"之一。金星与火星的大气层主要由 CO_2 组成，跟滞留的火山气体差不多（金星的大气相当重，而火星的大气几乎都逸散到了宇宙空间中）。相比之下，地球的大气层主要由 N_2 和 O_2 构成，仅包含微量的 CO_2，这是反常且不可思议的。认识大气层的深厚历史，可以帮助我们从更高远的视角看待现代大气变化与气候变化的速度。大气层的历史与生命的演化密不可分；生命本身打造了现代大气层（在某种意义上书写了自己的化学组成）。在大半段的地质史中，生命一直稳稳地占据着主宰地位，但偶尔，即使是复杂精妙的生物地球化学制衡系统，也不足以阻止大气层的剧变与生态灾难。

我们是如何获知远古大气层的信息的？在过去的 70 万年里，被封存在远古冰雪中的气泡，以极地冰（polar ice）的形式保存了下来（详情请见第五章），它们直接记录了彼时大气的成分。不过，空气这种物质转瞬即逝，在更长的时间尺度上，我们要到哪里去寻找与其有关的信息呢？出乎意料的是，岩石（与所有气体对立的物质）掌握了许多关于大气层的信息。特别是，它们显示出现代大气层至少是地球稀薄的最外层的第四代主要版本。赫顿和莱伊尔认为，地球处于一种永无止境却毫无目的的循环状态，与两者的观点相反，大气层的历史是一部讲述了地球随着成熟而自我改造的**成长小说**（Bildungsroman）。就像建筑物里的空气一样（烟雾缭绕、散发霉味儿、通风良好或弥漫着烹饪的香气），地球的大气层揭示了其居民的诸多生活习惯。在至少25亿年间，生物圈已经改变了整个地球的大气层；反过来说，生物圈的每一次大规模灭绝和重大破坏，都与大气组分的剧烈变化相吻合。虽然大气的演化与固体地球的演变通过火山作用、岩石风化作用和沉积作用联系在一起，但大气层通常比构造系统灵活得多，具有变幻莫测的转化能力。深入探索这层包裹着地球的隐形封套，或许会让我们对每一次呼吸都心生感激。

初生气息与恢复元气

地球最初的大气层可能是由岩石构成的，也就是说，其成分为在地外物体持续地高速撞击下形成的粉末状与汽化的岩石。除了杰克山区的知名锆石（见第二章），人们尚未发现有关地球最初5亿年历史的记录。那段时间对应着**冥古宙**（Hadean Eon），即"隐藏的"（hidden）或"地狱般的"（hellish）年代。而关于冥古宙的大量信息，仅源自宇航员在月球上收集的样品。我们熟悉的坑坑洼洼的月球表面，分布着拥有44.5亿年历史的岩石，它们被一层破碎的岩屑（月壤，lunar regolith）所覆盖。这证明，太阳系形成时遗留下来的碎片，对年轻的带内行星（inner planet，轨道在小行星带以内的行星）造成了连续且猛烈的冲击。

这些碎片可能包含石陨石和金属陨石，以及将水从海王星以外的轨道运送到新生地球的冰质彗星（icy comet）；由于新生地球靠近太阳，自身的水供应量本来有限。无论如何，杰克山区的锆石表明，在地球形成后的 1 亿年内，一部分水已存在于地表或至少是地壳浅层之中；这是地球含水的最早提示，而水的存在是地球的标志性特征。然而，我们通过月球表面的样品获知，强烈的撞击至少持续到了 38 亿年前，即伽利略认为的广阔黑暗的**月海**（maria，本身就是巨大的陨石坑）形成之时。在冥古宙期间，月球与地球之间的距离比现今还要近。因此，我们有充分的理由认为，地球在诞生之后的 7 亿年里一定也经历过类似的撞击。实际上，早期的大气层和海洋很可能在大规模的撞击中消失了。[1]

地球最早的系统化日记条目与月球日记的最后几页重叠，在中断了 4 亿年后，于大约 40 亿年前续写。在加拿大北部大奴湖（Great Slave Lake）附近出露的旋涡状变质岩，即阿卡斯塔片麻岩（Acasta gneiss），是获得正式认可的地球上最古老的岩石（不仅仅是矿物颗粒），标志着以地球为基准的地质年代表的起始点——太古宙的开端。虽然威严的阿卡斯塔片麻岩（以及加拿大其他地区、格陵兰岛和明尼苏达州南部的更年轻的片麻岩）生动地描述了早期地壳深处发生的高温剧变，但它们却没有关于地表环境的信息可以分享。

对此，第一批让人们看到希望的岩石，来自格陵兰岛西南部的伊苏阿**上地壳带**（Isua supracrustal belt，又称伊苏阿表壳带）；其形成于距今 38 亿～37 亿年前，大约是在那时，太空碎片的猛烈轰击终于开始减弱。伊苏阿层序包含多种沉积岩（记录了地表水的侵蚀作用与沉积作用），以及绿岩（经历了变质作

99

用却仍可辨识的"枕状"玄武岩,其球状形态是海底火山喷发的标志)。[①] 远古的地球上曾分布着海洋,由于彼时地月的距离较近,潮汐的高度应远大于现在。另外,远古的潮汐现象会更为频繁,因为一天的时长明显更短,可能不到 18 小时(使得一年大约有 470 天)。[2] 随着时间的流逝,海洋-大气系统与固体地球之间的摩擦作用如同软制动装置,使地球的自转速度逐渐变慢。

此外,伊苏阿岩石为我们提供了关于地球第二代大气层的间接线索。它们证明,在 38 亿年前,地表分布着大量的水体。然而,这似乎与恒星演化模型不符。该模型预测,我们的太阳,一颗**黄矮星**(yellow dwarf),会比如今暗 30% 左右。在接收的太阳能如此之少的情况下,地球上的所有水体都应该被冻结。这就是"**暗淡年轻太阳悖论**"(faint young Sun paradox),最早由天体物理学家卡尔·萨根(Carl Sagan)于 1972 年提出。[3] 虽然学者们提出了诸多创造性的观点来调和天体物理学理论与岩石记录之间的明显矛盾(与先前物理学与地质学之间的僵局相呼应),但主流观点认为,由温室气体主导的大气层可能弥补了暗淡太阳的影响,使早期地球的气候表现得较为温和,足以让远古的河流奔腾入海。根据邻近的金星和火星的大气层(经久不散的火山气体)可知,二氧化碳(CO_2)和水蒸气很可能是主要的吸热气体,尽管甲烷、乙烷、氮气、氨气及其他化合物或许也能起到额外的保温作用,维持太古宙的温暖气候。无论

---

① 绿岩是指由中基性岩浆岩经过微变质作用形成的绿色块状变质岩。——译者注

温室气体的确切组分是什么，第二代大气层都将持续存在 10 多亿年，并孕育出第一批地球生灵。

宜居的迹象

地球的首批居民显然是因水而生的，这使得伊苏阿岩石成为寻找早期生命足迹的"梦幻猎场"。1996 年，一个由美国、英国和澳大利亚的地质学家组成的团队宣布，他们已经在石墨（矿物形式的碳）中检测到了能够间接证明生命存在的地球化学证据；这些石墨来自伊苏阿层序的两个露头处的富铁地层。[4] 尤其是，他们检测到了稳定（非放射性）碳同位素 ^{12}C（相对于 ^{13}C 而言较轻）的异常富集现象。固碳生物，包括进行光合作用的微生物和现代植物，对它们要吸收的碳十分挑剔。吸收较轻的同位素所耗费的能量也较少，因此它们会从周围环境里可用的"碳原子库"中优先选择较轻的碳同位素。因此，生物碳的 $^{13}C/^{12}C$ 比值较未经过固碳生物处理的碳要低（千分之几）。

在此之前，一些地质学家曾声称发现了能够证实地球上存在生命的最古老的证据。与该情况类似，这一团队的观点也招致了多方面的攻击。其他研究小组的地质学家提出了各种意见，认为这些岩石变质得过于严重，已经无法保存原始的碳同位素特征；[5] 其中一个采样点的容矿岩（host rock）看上去像沉积岩，实则为侵入岩；[6] 这些样品已经被近期的有机物污染。[7] 这些批评的数量和激烈程度，体现出了该观点涉及的利害关系——这

101

关系到人类起源的故事。

　　由于以上不确定性，"最古老的生命证据"的殊荣，暂时还给了位于世界另一端的德雷瑟地层（Dresser Formation）；这套地层同样包含绿岩与沉积岩，但比伊苏阿层序年轻了 2.5 亿年。毕竟，在澳大利亚西北部，瓦拉乌纳化石群（Warrawoona Group）中的德雷瑟地层拥有直接可见的生命证据 —— 叠层石（stromatolite，见图 10）。[8]这些层理精细的块状岩石（"叠层"的意思是"床垫"或"被褥"，以形容其圆丘状的表面），是微生物席（microbial mat）①的化石形态。它们代表的可能不仅仅是一个物种，而是在远古海洋中以共生关系生活的原核生物的垂直生态系统。具有波浪扰动成因的沉积构造（sedimentary structure）表明，叠层石生长在阳光可抵达的浅水区域中；这说明，至少其上部层理中的生物能够进行光合作用。考虑到它们已经演化出复杂精巧的集体生活模式，这些叠层石群体不可能代表最早的生命形态；就像杰克山区的锆石与赫顿发现的不整合面，它们都显示有更古老的未知"先驱者"存在。但在一段时间内，澳大利亚声称拥有现存最古老的地壳遗迹，以及生物圈的最初踪迹。

　　关于伊苏阿岩石中是否含有远古生物体的化学残余物质，地学界争论了 20 年之久。到了 2016 年，一支由地质学家组成的新团队（包括最早发表碳同位素论文的两位作者）刊发了一项全新的研究，记录了在伊苏阿的碳酸岩（如石灰岩）露头中

---

①　在古生物学中，微生物席是指水体中由微生物群落的代谢活动形成的黏性层状微生物细胞与有机物沉积薄层。——译者注

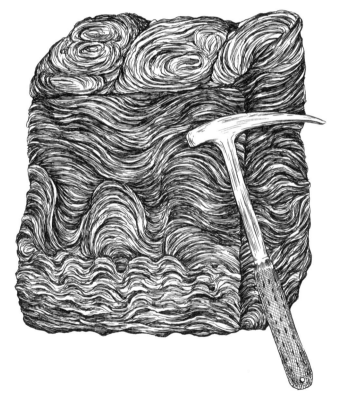

图 10　已变成化石的叠层石，如今完好地保存在澳大利亚的沙克湾

发现的看似可信的叠层石，这些叠层石因近期冰原融化而暴露出来。[9] 不可避免的是，许多媒体在报道这一发现时，强调了其对搜寻火星生命的意义，而不是更重要的一点：虽然地球仍处于被地外碎片撞击的状态，但地球上的生命似乎已经出现，而且十分多样化。[10] 从那一刻起，大气层的演化将与地球生命的传奇历史交织在一起。

铁质时代

钢铁大亨（后来成为慈善家）安德鲁·卡内基（Andrew Carnegie）曾经比比尔·盖茨（Bill Gates）、山姆·沃尔顿（Sam Walton）和沃伦·巴菲特（Warren Buffett）三人加起来还富有。虽然卡内基的财富是通过数千个为他辛勤劳作的工人积累起来的，但他的一切实则归功于远古微生物的运作。卡内基的钢，甚至世界上几乎所有生产出来的钢，都是用一种岩石中的铁制成的；这种岩石，从某种意义上来说已经绝迹。绝大多数的岩石类型（例如，洋中脊处的火山喷发出的玄武岩，或者是由其他岩石的颗粒状残骸构成的砂岩）或多或少是不受时间影响的，因为数十亿年以来，它们在地球上的形成方式并未发生变化。然而，这些被称为"含铁建造"（iron formation，听上去很无趣）的沉积岩，是在地球历史上某个特定时期积累而成的，记录了早元古代期间（约25亿～18亿年前）地表化学性质的一次剧变。尤其是，这些密度最大的岩石证实了大气的变化——

从没有游离氧（O_2）的地表环境转变为美丽新世界。其间，进行产氧性光合作用的微生物崛起了，如蓝细菌（cyanobacteria，其现代后裔通常被贬称为"池塘里的浮渣"）。这便是地球的第三代大气层。

含铁建造多分布于澳大利亚、巴西、芬兰和苏必尔湖地区，色泽艳丽；银色赤铁矿与黑色磁铁矿呈条带状相间分布，夹杂着灰色燧石和红色碧玉。含铁建造可达数百米厚，一般开采于巨大的露天矿坑，比如明尼苏达州希宾（Hibbing，鲍勃·迪伦的故乡）的赫尔拉斯特峡谷（Hull Rust，又称"北方大峡谷"）。除了金属成分，含铁建造的沉积特征与现代石灰岩十分相似，这说明它们一定是在浅海环境中沉积的。然而，在如今的海洋中，铁是如此供不应求，以至于其成为一种有限的营养物质——这种必需元素（essential element）的稀缺制约了生物生产力（biological productivity）。一项引发了争议的气候工程方案，甚至基于以上事实制定；该方案认为，如果向海洋中添加铁粉作为肥料，蓝细菌就会大肆繁殖，踊跃地进行光合作用，随后（若一切按计划进行）沉到海底，吸收大量的碳，而且不会（但愿）对海洋生物圈的其余部分造成严重的破坏。与当今海水中微量的铁相比，含铁建造的数量相当庞大（想象一下全世界所有的汽车、飞机、建筑物、桥梁和铁路中的钢）。这证明，在元古代的海洋中，铁极为丰富。

正是氧气，这种由蓝细菌率先产生的"反叛"气体，打破了海水中可以存在什么、不可以存在什么的规则。在氧气诞生之前，深海火山口喷出的铁能够一直溶解在广阔的海洋中，与钠、钙等元素的离子悄然混合在一起。然而，当氧气开始在浅水中聚集时，它会捕捉铁原子，与其结合，并将其拉到海底，形成含铁建造。氧气通过使铁"锈掉"的方式清除了海洋中的铁。

105   全新的世界秩序

地质学家将这一地球化学规则的骤变称为"大氧化事件"（Great Oxidation Event，简称GOE）；该事件彻底改写了大气层-水圈的结构。游离氧的存在改变了雨水与陆地岩石之间的化学作用，使湖泊、河流和地下水的成分发生了变化。其间，某些在太古宙河床中常见的粗砾种类（尤其是富含黄铁矿和铀的大块矿石）从沉积层中消失了，因为在全新的地球化学规则下，它们变得不稳定或易于溶解。与之相反，现代的氧化物矿物（oxide mineral），即硫酸盐矿物与磷酸盐矿物（如石膏和磷灰石），成为岩石记录中的常见"条目"。突然崛起的生命形态，迫使远古矿物界的规则发生了改变。

存在于地表的游离氧（O_2）也导致平流层中形成了臭氧（O_3）层；臭氧层保护地表环境免遭来自太阳的紫外辐射的破坏，并开辟了新的聚居边界。氧与其他元素之间的新颖结合，使得此前稀缺的营养物质（如氮）变得更容易流动。这推动了重大的生物创新，包括提高光合作用的效率，使之产生更多的氧气。就像"颠覆性的"技术进步创造了市场机遇，全新的生物地球化学循环随之建立起来：单细胞生物介导了全球的"商品交易"，大量的碳、磷、氮和硫通过这一过程进行了交换。[11]一个学会了处理氧气的微小的生物"企业家"，也就是线粒体（mitochondrion），在一次战略性共生合并中与一个更大的细胞结合，建立了真核细胞"产品线"，最终衍生出了植物和动物。

关于大氧化事件，有一个问题持续至今，即为什么首次出现进行光合作用的生命形态（38亿年前）与出现游离氧（大约25亿年前）相隔了那么长的时间？第一种可能性是，在伊苏阿与瓦拉乌纳的岩石中形成叠层石的生物体进行不产氧光合作用（anoxygenic photosynthesis）；对于熟悉植物的我们而言，（可以说）这听上去有些自相矛盾。其实，不产氧光合作用这种新陈代谢策略，如今仍然被一些潜伏在低氧环境（如被藻类堵塞的湖泊）中的细菌所采用。这些微生物并不是借助阳光将二氧化碳（CO_2）与水（H_2O）结合，形成糖（CH_2O）·n（其中 $n \geqslant 3$），并释放氧气（O_2）；而是利用二氧化碳和硫化氢（H_2S，散发"臭鸡蛋"味道的气体）来产糖，并排放废弃物硫。

第二种可能性是，形成叠层石的微生物确实产生了游离氧，但当它们腐烂时，所有的游离氧刚好被高效地消耗掉了。分解作用（decomposition）与光合作用完全相反（化学反应方程相同，但逆向进行）：生物体生成的糖和其他碳氢化合物与游离氧发生反应，生成二氧化碳和水（燃烧碳氢化合物是人类最喜欢的活动之一，类似加速版本的分解作用）。因此，如果光合作用和腐烂过程达到完美的平衡，空气中就不会积累氧气。然而，这种平衡似乎不可能维持13亿年，因为至少有一部分有机物被

106

埋在了沉积物中，而未被分解（并最终成为人类热爱燃烧的碳氢化合物）。

第三种可能性是，在 10 多亿年的时间里，任何由光合作用产生的氧气都会迅速与渴望氧气的火山气体发生反应，尤其是来自海底火山作用的硫化氢。随后，大约在太古宙末期，地球可能演化出了更现代的构造体制；其间，与俯冲有关的火山弧释放的气体减少的幅度变小，但气体的重要性日渐增加。[12] 一些地质学家遵循根深蒂固的均变论思想，认为阿卡斯塔片麻岩和伊苏阿绿岩等太古宙岩石是现代板块构造框架下的产物。一些均变论支持者甚至根据来自杰克山区锆石的薄弱的间接证据，主张现代地球的形成可以追溯至冥古宙。其他地质学家（坦白来说，我是其中一员）则认为，我们需要压制住头脑中的查尔斯·莱伊尔的声音，考虑太古宙和冥古宙存在不同构造模式的可能性。

首先，彼时的固体地球更炙热（开尔文勋爵的部分观点是正确的），洋壳不太可能发生高效的俯冲作用。其次，虽然太古宙岩层含有的证据表明，在发生对流的地幔上方存在某种挤压和褶皱现象，但它们的构造样式与如今发生在刚性板块之间清晰的边界处的变形现象不同。更炙热且更脆弱的地壳板块可能会相互堆叠，并经历部分熔融作用，提取出构成花岗岩大陆的成分，留下一层致密的残余岩石，这些岩石会随着**水滴式构造作用**（drip tectonics，不太吸引人的名称）沉入地幔深处。[13] 不过，自太古宙末期的岩石开始，我们已经可以识别出现代地壳结构的要素，包括大陆架、俯冲带、火山弧和成熟的造山带；

107

它们都表明，地球已经冷却到足以形成一个脆性外壳。因此，新构造系统的助推，可能足以使氧气的产量略大于氧气的消耗量。事实上，地球构造的形成与地表环境化学成分的剧烈变化相吻合，这似乎是完全合理的。

虽然大氧化事件对远古地球的化学体系造成了一级破坏，但该事件的实际规模并不像它的名字所暗示的那样大。条带状含铁建造中的某些金属微量元素（如铬），具有稳定的同位素，这些同位素的习性对氧浓度非常敏感，如同煤矿中起警示作用的金丝雀（只不过是在前寒武纪时代）。这些同位素的比值表明，早元古代大气层的含氧量（不到 0.1%）或许远远低于现在（氧气占大气层体积的 21%）。[14] 那时的世界可不适合我们这些显生宙生物居住。然而，从化学可能性的角度来看，没有游离氧与存在一点点游离氧之间的差异，要大于存在一点点游离氧与拥有更多的游离氧之间的差异。

108

10 亿年的倦怠

经历了大氧化事件剧变之后，地球的大气层似乎已经进入了一个地球化学性质稳定的漫长时期。虽然含铁建造沉积的主要时期大约在 18 亿年前结束，但在此后的 10 亿年间，氧浓度似乎一直保持不变，远远低于当前值。[15] 这种持续的平衡状态（类似于某个国家的经济数十年来未经历通货膨胀、衰退或市场动荡），指示了顽强的单细胞光合作用生物提供的产氧量，与贪

婪的金属、含硫的火山气体和腐烂有机物的耗氧量之间不寻常
的微调平衡。这种稳定的状态可能是由"紧缩制度"强制实行
的；尤其是磷的供应受到了严格的限制，而磷是所有生命必需
的营养物质。

109　　　虽然浅海水体已富含氧气，但有证据表明，深部水体仍处
于早元古代的过渡状态。在这种"分层"环境下，生物会从铁
矿物的表面偷走珍贵的磷，使磷不断地远离深部水体，好比小
偷把从贫穷国家偷来的货币装在外套衬里中私运出境。这反过
来又造成了浅海水体中的磷长期短缺。如此一来，生物生产力
得到了控制，限制了了有机碳的埋藏，进而阻止了大气层中氧含
量的上升。[16]

　　在资源匮乏的 10 亿年间，生物不得不追求低磷的生活方式
与新的循环利用策略。不过，在其他方面，演化似乎在韬光养
晦。生物圈虽然十分多样化，但仍然全都是单细胞生物；浮游
生物，包括名为**疑源类**（acritarchs）生物的巨型真核生物（直
径可达 0.8 厘米），在海洋中大量繁殖，而叠层石则悄悄地覆
盖了世界各地的海岸线。元古宙中的这段平静时期被地质学家
俗称为"无聊的 10 亿年"（Boring Billion）。然而，这个受霍
默·辛普森（Homer Simpson）[①]启发的名字失之偏颇，而且具
有误导性；就像历史书只关注战争，却跳过"什么都没有发生"
的漫长和平时期。

　　首先，生活在全新世的人类或许可以将这种维持长期平衡

---

① 动画《辛普森一家》中的角色，经常高呼"Boring!"（无聊）。——译者注

状态的能力当作模板，以此来修正我们自己的生物地球化学习性，因为如今迫在眉睫的环境危机，是人类无节制地消耗稀缺资源的结果，也反映了大气气体的生产与排出之间的极度失衡。元古宙的地球在某种程度上"理解"了可持续发展的基本原则；彼时的地球化学"贸易"蓬勃发展，但所有的"商品"都在封闭的循环中流动——某一组微生物"制造商"的废料是另一组微生物"制造商"的原材料。

其次，在"无聊的10亿年"期间，随着全新的板块构造系统将太古宙的地壳碎片汇聚到了一起，然后以火山弧的形式建造了附加物，坚固耐用的现代陆核被组装了起来。在威斯康星州，我脚下的基岩（被横跨美国中西部和大平原的较年轻的沉积物所掩埋）几乎完全来自元古宙；它们是在"无聊的10亿年"时期由造山运动形成的，当时大片的陆壳被并入了古老的加拿大地盾（见图11）。那个时期或许很无聊，但其在发展地球基础结构上卓有成效——这是现代地球居民可以效仿并从中受益的另一个模板。

也许是因为我对元古宙岩石及它们的历史太熟悉了，所以对我来说，"无聊的10亿年"似乎并没有那么久远；例如，苏必利尔湖地区宏伟的佩诺基山脉（Penokee Ranges）和巴拉布山脉（Baraboo Ranges），威斯康星州中部猛烈的热点火山，以及几乎将北美洲撕裂的巨大中陆裂谷（Midcontinent Rift）。因此，当我知道在大约15亿年（等量的时间）后地球不再适宜居住时，我不由得感到难过。太阳仍然在（以每1亿年约0.9%的微弱速率）变亮，它的亮度终将变得相当高，以至于海洋会开始蒸发，

110

111

图 11 "美利坚合众板块"——北美洲是如何组装起来的

引发 "水分温室逃逸"（moist greenhouse runaway）现象。[17] 太阳辐射会把水分子分解成氢和氧，它们将流失到宇宙空间之中。换句话说，如果生命是在 38 亿年前早期轰击时代结束后才开始存在的，那么我们现在已经走过了地球宜居期的四分之三。不过，我们还是应该心存感激，正是因为地球归属于一颗寿命为 100 亿年的黄矮星，它才能拥有如此丰富的时间。体积仅比太阳大 50% 的恒星，只有 30 亿年的寿命；这在地球上相当于从地球诞生到"无聊的 10 亿年"中段的时间跨度。在那时，地球有太多生计要做。

最漫长的冬天

地球上的万物原本可能会遵循着单调的元古宙模式无限地延续下去，但在大约 8 亿年前，新的构造系统引导大部分的陆壳合并成了一个环绕赤道分布的巨型陆块。地质学家将这个古老的超大陆（super continent）称为"罗迪尼亚"（Rodinia），该名称源于俄语 ródina（意为"祖国"）。与所有大陆相同，罗迪尼亚也只是板块的暂时配置；大约 7.5 亿年前，它随着裂谷作用分崩离析，在热带地区造就了广阔的新海岸线。暴雨补给的河流会将沉积物与从岩石中释放出来的元素带入海洋，生物便会在这些营养相对丰富的水域中繁衍生息。大陆架上的高沉积速率使得有机碳首次被大量地掩埋，进而降低了大气层中的 CO_2 浓度，让地球呈现出降温的趋势。

常年性海冰开始在极地堆积，增大了地表的**反照率**（albedo，又称反射率），反过来又导致地球进一步冷却 —— 正反馈的经典案例。即便是在海冰持续扩张的过程中，二氧化碳仍然会通过有机碳的埋藏与罗迪尼亚超大陆低纬度地区岩层的强烈化学风化作用（这就是喜马拉雅山脉在新生代期间降低二氧化碳的浓度并使地球降温的机制）从大气中持续排出。一旦冰盖达到临界点，反照率效应就会让地球进入"雪球"状态 —— 终年

112

被冰雪覆盖。

　　"雪球地球"（Snowball Earth）时期也被称为**成冰纪**（Cryo-genian），是元古宙中为数不多的常见地质年代划分之一。关于成冰纪期间究竟发生了什么，诸多地质学文献进行了讨论。大家都赞同的一点是，气候系统在一段时间内陷入了混乱。岩石记录清楚地表明，几乎在每个大陆上，该时代的岩石都是冰川沉积物：要么是冰川在陆地上直接沉积下来的未分选的由砾石与黏土组成的混合物，要么是夹杂了冰山携带的砾石的层理细密的海洋沉积物。由于地球上的大部分水被锁在冰川冰（glacial ice）中，海平面会下降数百米，使大片的大陆暴露在侵蚀作用下，至少在深冰期（deep ice age）开始、地表作用停止之前是这样。科罗拉多大峡谷的大不整合面（Great Unconformity），位于元古宇变质岩［如毗湿奴片岩（Vishnu Schist）］与第一个地层单位［寒武系塔皮茨砂岩（Cambrian Tapeats Sandstone）］之间，记录了缺失的雪球地球时代。因此，虽然元古宙末期无疑出现了一次罕见的寒流，但其中的细节（如冰冻程度、生物圈是如何生存下来的，以及地球是如何摆脱低温状态的）引发了学术界的激烈辩论。

生命的春天

　　显然，地球确实回暖了。也许是火山的气息（在其他地质作用停止时，火山会继续喷发）逐渐将地球从持续了数千年

的低温昏迷中唤醒。或者是，长期封存于海底的生物成因甲烷
（biogenic methane）突然猛烈地喷出，在几个月或几年的时间
里，将这颗冰冷的星球转变成了温室。不过，岩石记录的分辨
率和定年技术的精度，还不足以使我们区分以上可能性。

无论如何，雪球地球的结束标志着"大曝气"（Great Aera-
tion）的出现。在大曝气过程中，游离氧的浓度再次大幅度提升，
地球的第四代（也就是现今的）大气层形成了。沉积岩中对氧
浓度敏感的微量元素，终于开始表现出现代的习性，这表明氧
浓度从一个百分点的零头跃升到了接近当前值的水平。但是，
关于长期统治地球的元古宙准富氧（quasi-oxygenated）王国是
如何被推翻的，地质学家尚未掌握细节。也许是大量的磷从被
雪球时代的冰川碾碎的岩屑中流入了海洋，孕育了海洋生物。[18]
或者是，在冰封世界与温室世界之间的过渡阶段，浅海水体和
深海水体剧烈地混合，最终打破了盛行15亿年的地球化学分层
现象。

一旦氧浓度上升（即便是一点点），演化出了能使用氧气
进行新陈代谢的生物，它们就可以更高效地从环境中提取能量，
发育出比之前所有的生物都大的体形。在雪球地球时代结束后
的100万年里，世界各地出现了一种奇怪的新型宏观生态系统。
该生态系统由一种叫作**埃迪卡拉动物群**（Ediacaran fauna）的
肿胀生物组成，化石记录分布在澳大利亚南部、俄罗斯的白海
（White Sea）地区、英格兰的莱斯特郡（Leicestershire）、加
拿大的纽芬兰（Newfoundland）等地。这些怪异的羽绒服状生
物形似飞盘和蕨类植物；长得像后者的埃迪卡拉动物高达1米，

114

能够借助固着器稳固地待在海底。它们既没有内脏，也没有碳酸钙质外壳，这表明它们生活在一个充满渗透性营养的和平王国之中，未面临被捕食的威胁。其中一些生物可能是我们更为熟悉的海洋生物种类的前身，如腕足动物（brachiopod，或称lamp shells）。相较之下，其他生物似乎是为了孕育更大的生命形态而进行的早期"演化实验"的产物，没有留下现代后代。

然而，埃迪卡拉动物群的"先锋地位"颇为短暂。在大约4 000万年的时间里，海底成为寒武纪大爆发（Cambrian explosion）疯狂的"解剖学上的修修补补"的场所。其间，海洋生物大量地涌现，第一批食肉动物引发了掠食者与猎物之间的"军备竞赛"。它们如同歪心狼（Wile E. Coyote）和哔哔鸟（Road Runner），[①]彼此间一直试图以智取胜。坚硬的碳酸钙质外壳成为一口大小的生物必备的保护罩；而大型肉食者则发育出专门的游泳结构和猎杀装备。

寒武纪大爆发期间的生物演化速度仍然是一个备具争议的话题，古生物学家和生物学家针锋相对，后者采用基因组（genome）方法来确定"生命树"的不同分支首次出现的时间。化石记录表明，介于5.4亿年前与5.2亿年前之间的时间段，是一个前所未有且无法复现的生物创新时代。不过，这与各种**分子钟**（molecular clock）的研究结果不一致；分子钟的理论基础是，假设蛋白质编码基因在演化谱系中以恒定的速率积累替换（substitution）。绝大多数的分子分析结果表明，动物界形成于

---

① 两者是华纳兄弟卡通系列《乐一通》（Looney Tunes）中的形象，也出现在《兔巴哥》（Bugs Bunny）中。——译者注

元古宙晚期（距今8亿～7.5亿年前），最早的成员很可能是海绵，寒武纪的"大爆发"反而可能是一根缓慢燃烧的"导火索"。[19]然而，这表示人类的"婴儿期"处于荒凉寒冷的雪球地球时代，当时的世界看起来可不像"托儿所"。这种分歧揭示了野外古生物学家与实验室分子生物学家之间有趣的文化差异：前者习惯了化石生命的各种特质，乐意接受演化速度并不稳定的观点；后者观察到细胞结构中的生物机制，比地质学家更像正统的均变论支持者。虽然对于维多利亚时代的地质学家来说，前寒武纪绝非晦涩未知的漫长地质年代，但从它过渡到寒武纪的阶段依旧不明朗。

在大多数的古生物学教科书中，寒武纪大爆发是生命史的开端，也是三叶虫、肺鱼、煤沼、暴龙、翼手龙、大地懒、猛犸象和原始人类等热闹故事的前奏。然而，最重要的方面是，寒武纪世界与现代生物圈并没有太大的不同——几乎所有主要的动物门（phyla）都已存在。在接下来的5亿年里，这些"玩家"将组成精密且依赖氧气的生态系统（具有多等级的食物网），扩展到陆地上与天空中，发展出更专业的适应周围环境的能力。此期间，每当生存环境（尤其是大气层）变化过快时，生物界就会遭受巨大的损失。

116

落 幕

19世纪，地质学领域的主要研究方向为古生物学，甚至早在达尔文的《物种起源》于1859年出版之前，化石就被用来划分地质年代。维多利亚时代的地质学家详细地记录了某些谱系的渐次变化。例如盘绕成螺旋形的菊石，它们的壳上分布着华美的纹饰，这些独特的纹饰就像箍裙或马鞍鞯一样，标志着某个特定的时代。不过，地质学家也通过岩石记录发现，化石的变化不仅仅是"戏服"细节上的逐渐变更，还包括用全新的"剧团"大规模地替换一批"角色"的情况。基于这种间断性，威廉·史密斯（前文中提及的运河挖掘工，曾提出标志化石的概念）的侄子约翰·菲利普斯（John Phillips）于 1841 年提出，生命史包含三大篇章：古生代、中生代和新生代（三者分别代表"老中青"时代）。（太古宙期间更深远的生命起源，比古生代早了 30 多亿年，但人们直到一个世纪后才发现这件事。）

菲利普斯是一名孤儿，由威廉·史密斯抚养长大，小时候就随史密斯参加了多次化石探险活动。他是一位出色且极具洞察力的古生物学家，却公然反对达尔文的自然选择学说，反而认为动物与其生存环境之间的精妙匹配是神旨的证据（显然允许生物界"重新来过"）。菲利普斯在职业生涯的后期与开尔文勋爵联合起来，一同反对达尔文提出的关于"地质年代的持续时间无比恢宏"的论断。[20] 尽管如此，他为动物演化这一史诗所划分的篇章还是非常巧妙的。

达尔文被菲利普斯激怒是可以理解的，但不可否认的是，化石记录中确实存在一些令人困惑的突发性缺失现象。然而，达尔文确信演化以一致的速度进行，因此他不认为这些缺失是发生自然灾害的证据。达尔文完全接受了灭绝的概念；事实上，生物的不断淘汰是其理论的核心。但他辩称，在沉积岩层序中出现的突发性灭绝事件，只不过是间歇性沉积作用的产物。达尔文在《物种起源》一书中用了整整一章的篇幅来论述"地质记录的缺陷"；他强调，岩石只记录了实际耗时的一小部分："在各个连续形成的地层之间，依据大多数地质学家的观点，存在一个极其漫长的空白期。"达尔文还提出，当沉积作用切实发生时，地层的沉积速度可能不够快，无法捕捉到演化过程："虽然每个地层或许都标志着一段非常长久的时间，但与一个物种转变为另一个物种所需的时间相比，各个地层的沉积时间可能十分短暂。"他敏锐地进一步推测，人们对化石记录的解读失之偏颇，因为人们只能在沉积物曾经堆积的环境中找到化石（否则不存在岩石），但那些环境并不总是生物生活过的地方。达尔文对化石记录中的不连续现象进行的阐释，一直盛行到了 20 世纪中期；彼时，地质年代表已经被校准得足够好，让人不可否认，良好的生态系统有时会突然遭遇灾难。我们现在知道，自寒武纪开始，至少发生过五次**集群灭绝**（mass extinction），以及许多小规模的物种灭绝事件。在每一次生物灭绝灾难之后，地球上的生命最终都会恢复生机，但也将发生不可逆转的变化；幸存下来的生物，凭借机遇与来之不易的生存能力，出乎意料地成为顽强的新生物圈的创建者。

118

现代启示录

在通常情况下，自然选择像一把精细的手术刀，依据翅膀颜色、喙形等微小差异，切除某种飞蛾或保留某种鸣禽；但在集群灭绝事件中，自然选择则在演化方面化作一把大砍刀。在许多地点和栖息地中，整个生物分类群（不仅仅是个体或种，还有属、科和目）被急剧且不加选择地砍杀。从成因方面来看，集群灭绝通常与自然选择下的正常疏化（thinning）①存在极大的差异；正如战争或流行病造成的死亡，与个别事故或疾病造成的死亡，在本质上是不同的。古生物学家会根据偏离背景灭绝（background extinction）速率的等级，来量化不同种群灭绝的严重程度。例如，新生代两栖动物的背景灭绝速率是每年小于 0.01 种（大约每世纪灭绝一种青蛙或蝾螈）。[21] 发生集群灭绝意味着，原本相当的演化速度与环境变化速度（两者能够随着时间的推移较好地相互配合，就像构造运动与侵蚀作用保持一致的步调）已经不再同步。缓慢推进的地质变化（造山带的生长、大陆的分离）可以激发生物圈的创新能力，但突发性的转变可能会摧毁生物圈。在集群灭绝的过程中，出于某种原因，环境的变化已经加速到了大部分的生物圈无法适应的程度。

20 世纪 80 年代初，我在大学里学习了一门地史学课程，教材上介绍了关于白垩纪末期物种大灭绝的假说（此后不久，阿尔瓦雷茨父子提出的陨石撞击假说受到了地质学界的关注）；如今，回顾这些假说是件十分有意思的事。过去认为恐龙行动迟缓、愚笨（暗示其"活该"灭绝）的观点（从演化角度来看站

---

① 物种种群密度下降的现象。——译者注

不住脚），已经被新的描述所取代，即恐龙是精力充沛、温血、善于交际（在某些情况下），甚至聪慧的生物。因此，让恐龙灭绝变得更加困难，相关的提案似乎都不足以形成能够达到大灭绝效果的迅猛冲击。例如，全球变冷、致命流行病、被食蛋哺乳动物屠杀、对刚刚演化出来的开花植物过敏！教材中唯一提及的外星假说是，当来自遥远超新星的宇宙辐射到达地球时，地球的磁场正好发生倒转，整颗星球的防御能力最弱；正如"disaster"（灾难）一词在希腊语中的意思——厄运之星（bad star）。

　　如今阅读这些假说，感觉是在重温历史上一个更友善、更温和的时期，因为关于集群灭绝的科学观点，似乎反映了当代社会的存在主义焦虑的根源；人类常常将最深处的恐惧投射在过去的地质事件上。这并不是说关于集群灭绝的假设是不科学的，而是说对新型"世界末日"的恐惧，有助于我们想象昔日大灾难可能引发的场景。地质学家作为生活在特定社会环境与历史时刻中的人，不免受到主流时代思潮的影响。与 20 世纪和 21 世纪的焦虑不安相比，维多利亚时代相当乐观，相信技术与科学进步在改善人类命运方面的潜力。除了莱伊尔派的禁忌（尤其是过时的宗教论派），即用灾变论解释地质现象，维多利亚时代的人们并未被世界末日的幻象所困扰，科学领域中也未出现哈米吉多顿（Armageddon）①之谈。

　　然而，1980 年，维多利亚时代的人们无法预见的可怕技术

①　基督教末世论中善恶对决的最终战场。——编者注

进步威胁着人类文明；正是在冷战后期的焦虑时代，阿尔瓦雷茨父子提出了陨石撞击假说。根据这一假说，因陨石撞击而粉碎的岩石进入了平流层，形成了遮蔽阳光的尘土层，进而阻碍了光合作用，导致大规模的饥荒。此番描述与卡尔·萨根和大气化学家保罗·克鲁岑（Paul Crutzen）在 20 世纪 70 年代提出的"核冬天"（nuclear winter）[①] 假说几乎一模一样。同年，圣海伦斯火山（Saint Helens Mount）的喷发，更容易让人们联想到暗淡无光的世界末日。

到了 1990 年，希克苏鲁伯陨石坑被发现之时，柏林墙已经倒塌。随着核灾难的威胁逐渐从集体意识中消失，取而代之的是一种日趋滋长的意识，即环境犯罪可能会导致人类的灭亡。事实证明，酸雨对新英格兰地区和斯堪的纳维亚的森林造成了毁灭性破坏，这是几十年以来煤炭燃烧释放的硫所造成的"后遗症"。在白垩纪末期，海洋中的生物呈现选择性灭绝模式（深海中的有壳生物比浅海中的有壳生物生存得更好），这出乎意料地与人们设想的被硫酸酸化的海洋环境极为相似。尤卡坦半岛的陨石坑中的岩石含有大量的硫——地层中分布着多个厚厚的硬石膏（anhydrite，成分为无水硫酸钙）层。这种矿物会在撞击过程中蒸发，被抛到大气层中，然后化成炽热的酸雨落下。1991 年菲律宾皮纳图博火山的喷发（威力是圣海伦斯火山喷发的 10 倍），让人们形成了更深刻的认识。那场喷发将大量的硫酸盐颗粒注入了平流层，造成的影响足以使因温室气体浓度上

121

---

① 该假说认为，大规模核爆炸掀起的大量微尘和大火产生的浓烟会长期遮挡阳光，使地球处于黑暗和寒冷中，造成全球气候变化和动植物濒临灭绝。——译者注

升而形成的全球气温持续攀升的趋势中断了 2 年。从 240 千米宽的尤卡坦半岛的陨石坑中喷出的巨量的硫，可能会对适应了白垩纪温暖气候的生物造成更严重的低温打击；随后，这些硫会变成"来自地狱的雨"，从大气层中落下。如此看来，硫，而不仅仅是粉尘，一定是白垩纪末期集群灭绝的真正元凶。

然而，许多古生物学家仍旧对这种解释感到不满意。具有腐蚀性的酸雨本应对淡水生态系统造成特别严重的危害，但生活在这些环境中的物种，包括青蛙等对水体化学性质的变化敏感的两栖动物，其存活率接近 90%，远高于栖息在干旱陆地上的物种，后者仅有 12% 能经受住这场灾难。由于提出的所有"屠杀"机制都无法解释化石记录的细节，一些古生物学家认为，这颗小行星并不是"独行杀手"，全球生态系统早在陨石到来前就已遍体鳞伤。最常被引用的"帮凶"是火山活动，尤其是造就了德干暗色岩（Deccan Traps）的火山喷发事件；德干暗色岩位于当今印度，是一层厚达 1.6 千米的玄武岩流。在发生集群灭绝前的数万年里，渗出的熔岩释放了巨大数量的二氧化碳，创造了一个身处环境危机之中的世界；与此同时，地球遭受了来自宇宙空间的致命一击。在希克苏鲁伯陨石坑处，厚厚的石灰岩层的蒸发，会向空气中注入更多的二氧化碳。因此，在经历了几年由"火山灰罩子"导致的严寒之后，气候骤变，形成了极具毁灭性的温室。近期对白垩纪尾声的重建研究显示，这颗凶残但魅力非凡的小行星，不得不与远没有那么迷人的温室气体共享舞台。

122

空气污浊的时代

在陨石撞击假说面世后的 10 年间，集群灭绝研究成为古生物学中一个独特又时髦的分支学科。对于接受了刚被"正名"的灾变论的人而言，似乎所有的集群灭绝事件最终都将归咎于陨石撞击。芝加哥大学的杰出古生物学家杰克·塞科斯基（Jack Sepkoski）率先认识到了大数据在古生物学领域中的潜力。他宣称，在分析了数千个化石编目后，自己发现了物种灭绝的周期——2 600 万年。秉持一种奇怪的新均变主义，他推测，间歇性的灭绝事件可能与地球周期性地通过银河系的旋臂（spiral arm）有关（可能会使彗星的轨道变得不稳定）。[22] 这激发了人们寻找其他集群灭绝时期的陨石撞击证据的热情，并将撞击坑（impact crater）研究从地质学的边缘领域转移到了主流学界。但 30 年过去，尚未有令人信服的证据显示，其他的重大物种危机与彗星或小行星的撞击有关。我们不得不面对一个发人深省的事实：地球上的生命有时会遭遇极为可怕的灾难，而原因完全来自地球系统内部。

123　除了白垩纪末期的浩劫，其他的集群灭绝事件依序为：（1）晚奥陶世（约 4.4 亿年前）的大灭绝事件，是寒武纪大爆发过后发生的第一次大规模物种灭绝；（2）晚泥盆世（约 3.65 亿年前）相距较近的两次灭绝事件，彼时宏观生命已经移居到了陆地上；（3）二叠纪末期的"生物大屠杀"（2.5 亿年前）是有史以来最严重的集群灭绝事件，约翰·菲利普斯恰如其分地将之标记成古生代的终结；（4）晚三叠世的灭绝事件，距离二叠纪"崩溃"仅仅过去了 5 000 万年，生物圈就再次迎来了残酷的打击。基于人们衡量"生物大屠杀"严重程度的标准（消亡的种、属或科的数量），恐龙灭绝位列第四或第五。

　　虽然这些灾难的受害者与原委在细节上各有不同，但它们存在惊人的相似之处（见附录Ⅲ）。第一，所有的灭绝事件（包括白垩纪末期恐龙的灭亡）都涉及气候的骤然变化；除了泥盆纪的浩劫（当时热带海洋变冷），所有的灭绝事件都与气候快速变暖有关。第二，所有的灭绝事件都牵扯到碳循环和大气层中碳含量的重大扰动；此类扰动源于异常的溢流式喷发火山作用（如二叠纪、三叠纪、白垩纪），和／或生物圈封存的碳与已储存的碳氢化合物释放的碳之间的失衡现象（如奥陶纪、泥盆纪、二叠纪、三叠纪）。第三，所有的灭绝事件都导致了海洋化学性质的急剧变化，包括酸化作用对分泌方解石的生物的摧毁（如二叠纪、三叠纪、白垩纪），和／或广泛的缺氧现象（形成了"死区"），除了嗜硫细菌，几乎所有的生物都窒息而死（如奥陶纪、泥盆纪、二叠纪）。事实上，在所有灭绝事件结束之后的一段时间（几十万年到数百万年）内，只有微生物兴盛地繁衍，生物圈的其他部分则在奋力地重新站稳脚跟（或蜷缩防守）。人类往往认为自己是 35 亿年演化的巅峰王者，而大规模的集群灭绝完全可以挑战这种妄想。生命具有永无止境的创造力，总是在修补与试验，并未被某种特定的前进路线束缚。对于我们哺乳动物而言，白垩纪的集群灭绝则是一个幸运的转机，其为哺乳动物的"黄金时代"铺平了道路。然而，如果生物圈的历史从原核生物而不是宏观生命的角度来书写，那么这些灭绝事

124

件不足以记录在册。即使是现在，原核生物［细菌和古菌（ar-chea）］依旧占据地球生物总量的 50% 以上。[23] 有人可能会说，地球的生物圈现在是（而且一直是）一个"微型政体"，由微生物统治。当体形更大的暴发户式生命形态大势已去之时，适应力无限的微生物（演化的时间尺度为月，而不是千年）总是渴望占领一切，并重申自己在这颗星球上长久以来的统治地位。

或许最重要的是，所有的集群灭绝，甚至是相对"纯粹"的白垩纪浩劫，都无法完全归因于单一因素；所有的灭绝事件都与多个地质系统同时发生突变有关，而这些变化反过来又在其他地质系统中引发了连锁反应。从某些方面来说，这令人放心；其意味着，要想破坏生物圈的稳定，需要一场汇聚了各种因素的"完美风暴"。然而，诸多"祸因"（如温室气体、碳循环紊乱、海洋酸化和缺氧）都是地球居民十分熟悉的现象，这令人感到不安。如果一场迫在眉睫的灾难拥有多重成因，那么我们既无法做出精准的预测，也没有灵丹妙药可以解决。

大气层的历史提醒人类，我们头顶上方的天空并非地球唯一与最终的保护罩。即使大气层经历了漫长的稳定期，当空气中出现变化时，大气层依旧能够以令人震惊的态势突袭地球，斯瓦尔巴群岛的冰川灾难就证明了这一点。在以上"变化之风"的余波中，生物地球化学循环的剧变波及了所有层级的生态系统。那些将一切都投入旧的世界秩序中的生物，将历经磨难，甚至惨遭灭绝；与此同时，微生物则悄悄地清理混乱，并向幸存者颁布一套新的秩序。改造大气化学是极为危险的行为，可能会凭空出现无法控制的各种力量。

大加速

任何一个愚人都能毁坏树木；但其罪无可逭。

——约翰·缪尔，《我们的国家公园》

（*Our National Parks*），1901 年

破坏遗迹的偶然行为

在美国大多数的学院和大学中，要想获得地质学学位，必须完成一项名为"野外实习"（field camp）的仪式。依据惯例，这是一门为期 6 周的课程，授课地点在美国西部的某个州内；地势崎岖，大量的岩石暴露在烈日之下。其间，渴望从事地质学行业的学生们会学习如何描绘岩石单元和矿床、记录地层层序、绘制剖面图，以及解释地貌的成因。昔时，野外实习往往要让学生们"一较高下"。幸运的是，我所在的明尼苏达大学的野外实习，由一群思想更为开明的教授来授课。尽管明尼苏达州本身就分布着许多有趣的岩石，但我们的野外实习还是设在了科罗拉多州中部雄伟壮丽的萨沃奇岭（Sawatch Range）。

我们每周休息一天，享受惬意的自由时光。在其中一个休

息日中，我们一群人踏上了漫长的徒步旅程，去探索此前听说过的一座古老的伟晶岩矿。伟晶岩是一种奇异的岩浆岩，以由色彩缤纷的稀有矿物组成的超大晶体而闻名。此外，作为稀土元素的来源，伟晶岩的价值越来越高；稀土元素是高科技电池、手机和数字存储媒体必不可少的原料。伟晶岩代表一些花岗质岩浆凝固的最后阶段；其间，在过冷（undercooling）和岩浆气体含量高的环境下，晶体的生长速度会比平常快许多倍。通常来说，在火山（如圣海伦斯火山）下方的岩浆房中形成的石英晶体或长石晶体，可能会以每 100 年约 0.6 厘米的速度缓慢生长。[1] 然而，伟晶岩晶体如同矿物界的"蓝鲸宝宝"，以每年几厘米的速度迅猛成长。[2] 虽然伟晶岩能够在适宜的环境下迅速形成，但其十分稀有——不完全是可再生资源。我们当时寻找的伟晶岩非常古老，可追溯至中元古代（至少 15 亿年前），远远早于现代落基山脉的出现。

我们找到了通往废弃矿区的道路（在"禁止进入"的标志前犹豫了片刻），然后沿着一连串废石堆前行，到达了被炸得半开的山体侧面一片挖出来的空地上。在那里，我们发现了伟晶岩狂热者（"伟晶岩狂热"是一种在矿物学者之间流行的独特的亚文化）口中的"宝仓"（gem pocket）。进入宝仓，就像来到了一个由老式复活节糖蛋组成的多彩世界：巨大的白色长石晶体上装饰着一簇簇紫色的云母（锂云母），以及粉红色和翠绿色的六方柱晶体（电气石，又称碧玺）。一些电气石如同用宝石雕刻而成的西瓜片，拥有薄薄的绿色"瓜皮"和粉红色的"果肉"。那一瞬间，我们都被一种发自本能的贪婪控制住了，想要尽可能多地带走这些珍宝。我们随身携带着地质锤，但锤头被设计成圆钝状，以便敲碎岩石，而不是撬开脆弱的晶体。我设法敲下来一些深粉色的电气石颗粒，而后发现了极为珍贵的宝物——一颗长达 8 厘米的完美西瓜色晶体。它位于凿坑顶部附近的一个犄角旮旯里，几乎没有留下操作地质锤的空间，但我决意要得到它。我开始不停地捶打，幻想着如何在家里展示这个"战利品"，结果一不留神，失手敲碎了它。

那一刻，我蓦然恢复了理智，好像从宝仓"施加"在我们身上的"恶毒咒语"中解脱出来。突然之间，我对整个"夺宝行动"失去了兴趣。在地质学世界中耕耘数年之后，我对深时产生了一些感悟。我意识到，在被欲念控制的一瞬间，自己不小心毁掉了一件见证了地球三分之一历史的精美宝物，它曾历经绝大部分的"无聊的 10 亿年"、雪球地球时代、动物的诞生、集群灭绝和落基山脉的生长。周围满目疮痍的景象，以及我的"共犯"身份，让我心生厌恶。

如今，我看到斯瓦尔巴群岛的冰川消融（与威斯康星州愈发乏力的冬季），也会产生同样的感受，因为作为一个喜欢国际旅行和洗长时间热水澡的人（更广泛地说，作为依赖化石燃料的社会的一员），我应该为这些环境恶化现象负责。在我的一生中，人类已经轻率地破坏了古老的生态系统，使长期演化的生物地球化学循环化为废墟。人类已经触发了地质史上鲜有先例的变化，这些变化将使遥远的未来蒙上长长的阴影。

人类世年鉴

在 20 世纪的某个时刻，我们跨越了一个临界点；此后，人为成因的环境变化的速度，超过了由许多天然地质作用与生物作用导致的环境变化的速度。在地质年代表中，该临界点标志着一个新时代（人类世）的开端。2002 年，荣获过诺贝尔奖的大气化学家保罗·克鲁岑创造了"人类世"这一术语。随后，该术语迅速被大量的地质学文献引用，并成为流行词汇。"人类世"用以指代这个史无前例的时代，即地球的行为明显烙印着人类活动的痕迹。

2008 年，来自伦敦地质学会（Geological Society of London）的一组地层学家发表了一篇简短的论文，为如何正式地定义人类世提供了定量的论据。[3] 作者们指出，在五种系统中，人类活动至少使地质作用的速度增加了 1 倍。其中包括：

- 侵蚀作用与沉积作用，人类的影响比全球所有河流的总影响高一个数量级（10 倍）；

- 海平面上升，在过去的 7 000 年中一直接近于零，[4] 但如今每 100 年上升 0.3 米，预计到 2100 年，海平面上升的速度将翻倍；

- 海洋化学性质，同样稳定了数千年之久，但目前的酸度比 100 年以前多了 0.1 pH 单位；

- 物种灭绝速率，现在是背景灭绝速率的 1 000 倍至 10 000 倍；[5]

当然还有，

- 大气层中二氧化碳的浓度，超过 400 ppm（百万分率）[①]，比过去 400 万年间（冰期之前）的任何时期都要高，人类活动排放的二氧化碳是世界上所有火山释放的二氧化碳的 100 倍。[6]

其他作者特别提到，由于农业肥料径流，磷和氮流入湖泊与沿海水域（形成了缺氧的"死区"）的速度是天然环境下的两倍多。[7]通过农业、森林滥伐、焚烧等土地利用活动，人类支配了陆地上四分之一的**净初级生产力**（net primary productivity），相当于植物的总光合作用效应。[8]

130

大多数的地质学家认为，这些严峻的事实证明了采用"人类世"一词的合理性，其不仅是一个有用的概念，而且可以作为地质年代表的正式单位，与更新世（冰期，260 万年前至 11 700 年前）和全新世（本质上记录了人类的历史）等级相当。在不到 100 年的时间里，人类引发的地球变化的规模，堪比终结某些地质年代的集群灭绝事件。然而，除了白垩纪末期的陨石撞击，集群灭绝事件通常是数万年地球变化的结果。

国际地层委员会（令人生畏的"时间议会"）已经开始讨论该议题，而主要的分歧体现了官僚主义，尤其是如何准确地定义人类世的开端。是否应该像对待其他地质年代的边界一样，

---

① 此处 ppm 表示 CO_2 的体积分数为 10^{-6}，原书如是，本书根据行业惯例，保留原书用法。——编者注

建立全球界线层型剖面和点位（GSSP，即"金钉子"）？全新世下界线对应的"金钉子"是格陵兰冰帽内的一个特殊冰层，其同位素信号标志着全新世气候变暖的开始。[9]与岩石相比，冰的留存时间较为短暂，但这个冰层的深度超过 1 400 米，目前不存在融化的风险；此外，该冰层的一个样品被保存在了哥本哈根大学的冷冻箱中。人类世同样可以由极地冰中的一个与众不同的特征来定义，也许是不寻常的同位素激增。这是人类留下的耻辱印记，红字 A（Scarlet A），标志着 20 世纪 50 年代至 60 年代的原子弹试验。然而，这个靠近地表的冰层可能很快就会成为人类世气候的受害者；世界各地的冰川"档案"正以惊人的速度消失。例如，在安第斯山脉的奎尔卡亚冰帽（Quelccaya Ice Cap）上，拥有 1 600 年历史的冰雪在过去 20 年间完全消融，摧毁了可以追溯至纳斯卡人（Nazca people）时代的高分辨率天气记录。[10]用"glacial"一词来形容"像冰川一样极其缓慢的"事物，很快就会变得不合时宜；如今，冰川是自然界中变化十分迅速的实体之一。

　　因此，一些地质学家建议，在定义人类世时另辟蹊径，选择一个历年（假定为 1950 年）而不是自然留下的记录作为该地质年代的正式起点。毕竟，只有我们人类为此苦恼；只要人类还存活在地球上，我们就可以互相提醒这个年份。如果人类在某一时刻消失了，恐怕没有哪种生物会为人类世的定义而烦恼。从许多方面来说，人类世的确切起点不如它背后的概念重要。

　　对于地质学家而言，更微妙的一点是，"人类世"的概念完全背离了赫顿与莱伊尔为地学建立的哲学基础。赫顿提出的伟大见解是，过去与现在并不是由不同规则控制的独立领域，两者通过地质作用的连续性联系在了一起。莱伊尔的巨著《地质学原理》中的大部分内容都是论述，旨在说服读者不要相信"过往的地质变化比现在发生得更快"。然而，人类世颠覆了莱伊尔的观点，强调了现今的地质作用是如何加速推进的。我们的处境（试图在不考虑均变论的条件下预测地质环境的未来）与19世纪之前的地质学家不可思议地相似，彼时他们尚未得出用以认知过往地质作用的理论。尽管如此，我们只能参考近期的地质记录，以寻找与当前这个难以预料的地质年代相似的历史。

气候不适

可调节温度的建筑物与全年供应的新鲜水果，让21世纪富裕国家的公民将天气视作日常生活的背景，而非主要情节。我们可能会抱怨当地的天气预报不准确，或者因周末计划被突如其来的降雨破坏而懊恼。然而，从社会的角度出发，人类在很大程度上忽视了天气，直至其扰乱日常生活。人类往往不会衡量好天气的价值（想象一下，头条新闻的标题是"上周的阳光对当地农民的价值高达1 000万美元"），而是把恶劣天气事件（暴风雪、飓风、热浪、干旱、洪水）描述成代价高昂、剥夺了各种行业"正当"收入的异常现象。也就是说，人类设想天气通常是稳定且温和的，因此当其不符合预期时，我们总是感到惊讶。

天气与气候对人类文明的长期影响，是跨学科学术研究中的一个新领域（汇集了历史学、经济学、社会学、人类学、统计学和气候科学）的焦点。回顾近 2 000 年的人类文明，我们会发现一个显著的模式，即社会不稳定、冲突多发的年代与气候异常（哪怕是略微偏离常态）的时期相吻合，相关数据呈现出了较高的统计显著性。[11] 例如，在中世纪早期的欧洲，平均气温仅比往常下降了 1℃，就导致作物歉收，并引发了公元 400 年至公元 700 年期间的大规模迁徙与部落之间的冲突。在公元 900 年前后，太平洋气候模式的变化则导致了持久的干旱，致使中美洲的玛雅文明与中国的唐朝步入终结。东南亚的吴哥王朝拥有 500 年的繁荣历史，却未熬过 15 世纪初的 20 年干旱。欧洲的另一个寒冷时期与三十年战争（Thirty Years War, 1618—1648）恰好吻合。就死亡人口的比例而言，这场战争的破坏力甚至超过了第一次世界大战。虽然该战争名义上是一场宗教和政治冲突，但气候变化带来的饥荒加深了仇恨，也加剧了苦难。

我们可能会认为，在当今这个时代，区区天气现象不足以危害人类的生活。然而，对过去 50 年全球警务记录的分析显示，在大城市中，平均气温每升高一个标准差，暴力犯罪率就会上升 4%。一项类似的统计研究发现，近几十年来，水资源短缺等气候压力已导致全球的地方性与区域性群组间冲突至少增加了14%。[12] 在诸多方面，先进的技术反而使我们的应变能力不如古时灵活。人类之所以为沿海城市的基础设施投入巨大的资金，是因为我们认定海平面将维持不变。人类假设冰雪和雨水会不断地充填水库，因此在沙漠中扩建城市。我们的食物生产系统建立在一种信念之上 —— 古老且熟悉的天气模式总会复现。

不过，天气变得越来越怪异。自 2000 年伊始，已经出现了 10 个破纪录的最热年份；每 10 年就会出现"100 年难遇"或"500 年难遇"的洪水事件。人类世的新规则甚至让地球科学家难以使用他们建立的定量模型来研究地质系统。此类模型基于**平稳性**（stationarity）这一概念，即自然系统在一个界限明确的范围内变化，而且上下界不变；该假设在过去帮助人们做出了合理的预测。近期，由国际顶尖水文学家组成的团队发布了一份令人警醒的报告；该报告指出："平稳性已死，其不应再作为水资源风险评估与规划的核心且默认的假设。"[13] 换言之，关于天气与水循环的主要预测，就是它们将愈发难以预测。

然而，公众固守均变论中的乐观信念。这在一定程度上是可以理解的，因为其根植于一个地质事实，即全新世（见证了一切与人类文明有关的事物的兴起，包括农业、书面语、科学、技术、国家体制、美术等）的气候向来极其地稳定。事实上，按道理来说，正是这种平稳性让人类得以建立文明。相比之下，更新世气候的大幅度振荡，或许遏制了新兴的人类社会。"冰期"实则并不完全是冰冻环境；相反，在 250 万年间，气候在许多时间尺度上剧烈地波动，正如冰川学家理查德·阿利（Richard Alley）的精妙描述，就像有人"一边玩悠悠球，一边从过山车上蹦极"。[14] 了解更新世期间究竟发生了什么，对于正确看待当前的气候变化速度而言至关重要。回首破解冰期奥秘的那段历史，我们将再一次见到莱伊尔，而且会认识瑞士的农民、一名苏格兰门卫和一位塞尔维亚数学家。

冷暖交替

在威斯康星州这里，大块的花岗岩和片麻岩是医疗中心与办公楼周围高档景观的常见核心装饰物。19 世纪早期，这些岩石则是五大湖所在州和北欧地区的地质学家最棘手的谜题之一（它们的成分通常与当地的基岩完全不同）。此类**漂砾**（erratic）分散在远离自身产源地的地方，该现象似乎支持了圣经中关于"大洪水"的观点。因此，这些漂砾及其所嵌入的黏土沉积物被称为**洪积物**（diluvium，意为"大洪水留下的沉积物"）或**漂积物**（drift，考虑到搬运这些物质所需的水动力，该术语的描述算是相当温和了）。虽然"漂积物"这种说法已不合时宜，但其沿用在了威斯康星州西南部发育深层基岩谷的特殊地带的名称之中：无碛带（Driftless Area，直译为"无漂积物的区域"），该地区尚未发现漂砾等类型的洪积物。

通常认为，瑞士地质学家路易斯·阿加西（Louis Agassiz，1807—1873）率先于 1838 年提出，将漂砾搬运到远处的可能是巨大的冰帽，而非洪水。在地质学教材中，阿加西被塑造成革命性的思想家，但创造了术语 Eiszeit（也就是"冰期"）的德国博物学家卡尔·申佩尔（Karl Schimper）实则早已得出了这一结论，并在与阿加西共游阿尔卑斯山时分享了该观点。[15] 申佩尔的深刻见解可能来自瑞士的农民；农民们对当地的冰川了如指掌，对他们而言，散布在高山峡谷深处的巨石显然标志着冰帽之前所在的位置。更不可原谅的是，阿加西日后利用自身的学术资历与哈佛大学教授的地位，提出了完全不科学且令人憎恶的种族主义演化理论；依我之见，他在科学年鉴中的名字应该附上一个星号，就像因服用兴奋剂而被撤销奖牌的运动员一样。遗憾的是，一座可追溯至晚更新世的浩瀚湖泊以他命名，即阿加西湖（Lake Agassiz）；该湖覆盖了大部分的北达科他州、明尼苏达州和加拿大的马尼托巴省，并使地势变得极为平坦。

　　虽然查尔斯·莱伊尔否认大洪水，但他同样反感关于冰期的观点，即如今气候温和的欧洲和北美洲的大部分地区曾被冰雪覆盖。该现象即便不完全符合灾变论，也肯定是非均变成因。随着地质学家开始绘制"漂移"模式图，大冰期的观点被证明具有说服力。五大湖上游地区则清楚地显示，冰帽实则发生了多次（而非一次）的进退现象，而且每一次都留下了截然不同的沉积物（奇怪的是，每一次都避开了无碛区）。是哪些因素导致了这种冷暖交替的循环？

136

　　早在19世纪中期，一些科学家就开始探索一种假设，即地球轨道的行为变化可能会影响阳光照射到地球上的方式，潜在地引发间歇性冰期。月球与邻近行星的引力影响，导致地球在宇宙空间中运动时存在3个方面的周期性变化：（1）地球环绕太阳运动的椭圆形轨道（或指偏心率），每10万年伸展和收缩1次；（2）地球自转轴的倾角（或指倾斜度），在$21.5°$至$24.5°$之间变化，周期为4.1万年；（3）缓慢摆动的行星如同一个玩具陀螺，该现象叫作**岁差**（precession），平均以2.3万年为1个周期，在二至点（solstices）[①]改变指向太阳的半球。如今，这三种

---

① 即冬至点与夏至点。——译者注

周期性变化被称为**米兰科维奇旋回**（Milankovitch cycle），以数学家米卢廷·米兰科维奇（Milutin Milankovitch，1879—1958）的名字命名。虽然米兰科维奇在两次世界大战的大部分时间中颠沛流离，但他设法计算出了这些周期性变化对地球的太阳辐照度（solar irradiance）的综合效应。

不过，早于米兰科维奇50多年，自学成才的苏格兰人詹姆斯·克罗尔（James Croll，1821—1890）就艰难地完成了首次对轨道周期的计算（米兰科维奇完全承认这一点）。克罗尔具备敏锐的数学头脑，对科学极为感兴趣，但因家境贫寒，连中学都上不了。在当了几年旅馆老板之后，克罗尔在格拉斯哥的安德森学院（Anderson College）找到了门卫的工作。其间，他会在夜深人静时到图书馆里学习科学书籍，如同1997年的电影《心灵捕手》（*Good Will Hunting*）的19世纪现实版本。19世纪60年代，他开始与查尔斯·莱伊尔通信，讨论他计算的轨道变化及其对气候的影响。莱伊尔（彼时已不情不愿地接受了冰川理论）对克罗尔的聪慧才智印象深刻，帮助他在苏格兰地质调查局（Geological Survey of Scotland）谋求了一个职位。（克罗尔还曾就侵蚀速率的问题与达尔文互通信件。）克罗尔的研究结果似乎表明，岁差对南北半球的作用相反，因此两个半球的冰期不同步。该推论对莱伊尔有很强的吸引力，因为这说明地球总体上维持着稳定的状态——莱伊尔坚守的观点。半个世纪后，米兰科维奇认识到，由于绝大多数的陆块集中在北半球，岁差周期对北纬地区的影响实则主导了全球的气候。

然而，克罗尔和米兰科维奇都无法借助高分辨率的地质数据来验证计算结果。到了19世纪80年代，威斯康星州的知名地质学家 T. C. 钱伯林（斯瓦尔巴群岛上一条曾经被冰川覆盖的峡谷便冠以其名）已经记录了四个不同的冰期，并以各自的沉积物保存得最完好的州来命名它们——由今至古依次为威斯康星冰期、伊利诺伊冰期、堪萨斯冰期和内布拉斯加冰期。不过，我们无法获知这些冰期的绝对年龄，也不清楚是否存在更古老的冰川消长周期。陆源记录存在的问题是，冰川的每一次前进都会侵蚀且叠加之前的地质事件留下的痕迹，如同曲棍球比赛期间多次使用磨冰机清理冰面。威斯康星州（除无碛区外）在四次冰进过程中均遭受了冰川作用，因此该地区前三次冰进的沉积物难以识别。

在19世纪的最后几年，钱伯林等诸多地质学家推测了冰期的成因，不仅援引了轨道周期，还讨论了火山活动、造山运动和大洋环流的影响。1896年，瑞典化学家斯万特·阿雷纽斯（Svante Arrhenius）提出，某些微量的大气气体，尤其是**碳酸**（H_2CO_3，二氧化碳与水蒸气结合后形成的产物）可能在调控气候方面发挥了重要的作用。这是因为，它们会放行来自太阳的短波长辐射（光），却会阻挡从地球表面再辐射的长波长能量（热）。[16]（他甚至推测，燃煤排放的气体或将"改善"瑞典的气候。）事实证明，这些想法至少有一部分是正确的。但在当时，尚没有显示气候如何随时间变化的高分辨率信息，因此以上想法都无法得到严格的验证。导致气候问题的"嫌疑犯"有很多，但"审判"它们还为时过早；我们目前掌握的证据依然过于间接。

138

岩心的灵魂

终于，在 20 世纪 70 年代，两个丰富的新气候数据档案被开启，彻底颠覆了气候科学的进程。这就好比，本来只能依靠二手书店里随机的书卷进行学术研究的人，突然可以利用国会图书馆的资源了。这两个数据档案为：（1）通过新一代海洋学调查船获得的深海沉积物的岩心；（2）英勇的国际钻井团队在南极洲和格陵兰岛采集的极地冰。深海海底与极地冰帽的相似之处在于，两者均为沉积缓慢且连续（不会遭受中断或干扰）的场所；此类沉积环境就像在一个封闭的房间中，灰尘逐渐覆盖了家具。如今，来自世界上所有大洋的深海岩心，记录了 1.6 亿年以来的全球气候变迁（可追溯至冰期之前的远古年代）；它们以地球化学性质和微体化石[1]的变化为线索，分辨率达数千年。与此相比，冰芯则记录了近 70 万年的大气变更，分辨率可达 1 年（至少就年轻的冰层而言）。然而，若想从海底软泥和古老的冰雪中提取气候信息，需要破解密码——解读（海洋生物的）壳与冰中稳定同位素的神秘记录。

与碳一样，氧也拥有两种主要的稳定同位素。此外，就像光合作用生物"更喜欢"较轻的碳（^{12}C）而不是较重的碳（^{13}C），在蒸发过程中，较轻的氧（^{16}O）比较重的氧（^{18}O）更容易变成水蒸气。这意味着，在任意指定的时间，降水（包括极地雪）会比海水含有更少的 ^{18}O 和更多的 ^{16}O，而且该筛选效

---

[1]　指利用显微镜才能进行研究的微小化石。——译者注

应会于寒冷时期进一步增强。在冰期中，由于地球上的大部分水被锁在了冰川和冰帽内，海洋与利用海水生成壳的生物含有特别高的 $^{18}O/^{16}O$ 比值；反之，冰川冰的 $^{18}O/^{16}O$ 比值非常低。普通的氢（^{1}H）与氘（^{2}H）的比值也以类似的方式变化，因此冰川冰（成分毕竟是 H_2O）同样保存着气候变迁的痕迹。简而言之，海洋沉积物与冰层中的同位素比值，提供了全球的冰量和温度随时间推移而变化的高保真记录。

　　冰芯与更为长期的海洋沉积物记录表明，钱伯林提出的 4 次冰进只是更新世的 260 万年间 **30 次冰进**的最新 4 次。而克罗尔-米兰科维奇旋回的搏动信号（强烈且具有规律的节拍，伴随着叠加的颤动）是十分明显的。[17] 在更新世的前 150 万年里，周期为 4.1 万年的倾角变化尤为明显。然后，大约在 120 万年前，搏动放缓，进入更平静的周期为 10 万年的偏心率变化阶段；信号如同一位正在入睡的病人的心电图。该阶段被称为中更新世过渡期（mid-Pleistocene transition），但其成因尚未完全清楚。在三种轨道变化中，偏心率对地球接收的太阳辐射的影响最小，但出于某种原因，这个周期达 10 万年的影响被地质作用放大了。不过，气候记录中也存在与轨道变化无关的高频"谐波"（harmonic）。所谓的丹斯高-厄施格格旋回（Dansgaard-Oeschger cycle），即气温会在大约 1 500 年内发生周期性振荡，似乎是一种与全球洋流的时间尺度相对应的独特内部韵律。这说明，地球不仅仅是一个随着天文周期的节奏翩翩起舞的提线木偶，它还会以自己的方式来演绎这些节奏。

140

热极一时

在综合以上轨道周期预测出的效果与观测到的气候记录之间，存在一个更为重大的区别，这进一步阐释了地球在米兰科维奇旋回的主题下"即兴发挥"的能力。从本质上来说，米兰科维奇旋回都是正弦波，拥有对称的回文状波峰和波谷。当这些曲线叠加在一起时，会创造出更加复杂的图样，但它们总体缺乏系统化的方向性——乍一看，时间的流向不清晰。相较之下，从海洋沉积物与冰层中获取的真实气候记录，则具有不对称的锯齿状几何形态：在地球缓慢进入冰期的过程中，漫长的冷却会被突发的短暂升温所打断。也就是说，在每个旋回期间，轨道的微小移动（能够使气温升高）被地球系统中的某种力量放大成了热浪，如同恒温器失去了控制。造成了这种放大效果的因素，被保留在了冰体本身之中；该因素就是温室气体，特别是二氧化碳和甲烷（CH_4，即沼气主要成分）。

当雪堆积之时，晶体之间仍然留有空隙（雪洞内部出奇地温暖，因为其隔热性非常好）。在两极地区，雪并不会随着季节的变幻融化，而是会在埋藏过程中被压实，并在大约 60 米深的地方重新结晶成冰。其间，气孔会缩小，但残留的部分将以气泡的形式悬浮在冰体中，就像被琥珀包裹住的昆虫。在这一过程中，冰层之间的一部分空气可能会发生迁移；不过，困在极地冰中的气泡直接记录了过去的大气成分，分辨率至少为几十年。这些微小的气泡告诉我们，70 万年以来，全球的气温与温室气体（如二氧化碳、甲烷）的浓度之间存在极高的统计显著性。

那么，温室气体是如何将米兰科维奇旋回造成的微弱升温现象放大成"熔炉"的呢？答案，就在于地球气候系统的诸**多正反馈**（自我放大过程）机制。例如，在更新世的漫长冷却期中，冰盖边缘以外的地区拥有由生长缓慢的地衣、苔藓和小型维管植物组成的冻原生态系统（tundra ecosystem），比如现今的斯瓦尔巴群岛。当这些植被死亡时，低温会抑制分解作用（主要由微生物的活动完成，在寒冷环境中，微生物的活动会变得迟缓）；因此，数千年来，有机物只会堆积成厚厚的泥炭。在斯瓦尔巴群岛上度过某个夏日时，这一事实深深地烙印在了我的脑海里。彼时，我与一位同事想要清理一堆难看的塑料容器和腐烂的绳子；这些东西是被冲上岸的，因为一些船只经常把海洋当作垃圾桶。我们在沙滩上生了一把火，并且欣喜地发现这些肮脏的垃圾燃烧得很旺。然后，我们注意到，在靠近内陆的一处，布满苔藓的冻原地带不再是潮湿的葱翠面貌，而是干燥的棕色状态——似乎在冒烟。在令人感到不适的一瞬间，我们意识到，这把火点燃了埋藏在沙滩砾石下方的泥炭层。幸运的是，我们拿着煮饭锅在缓慢燃烧的火线和大海之间来回飞奔了紧张忙乱的几分钟，最终扑灭了阴燃的火。

火是快速氧化的戏剧性证据；分解作用也可以实现同种效果，但以肉眼不可见的缓慢速度完成。在更新世期间，即便米兰科维奇旋回仅让气温升高了一点点，冻原上的微生物也会苏醒，重新开始工作。它们咀嚼着丰富的泥炭，将其中封存已久的碳以二氧化碳的形式释放出来（氧气稀缺时会释放甲烷）。该过程反而使地球变得更加温暖，进一步加速了微生物的捕食狂

142

潮，从而释放出更多的温室气体；如此往复，形成了一个典型的正反馈循环。

气候系统中的正反馈还包括反照率效应（又称反射率效应），其发挥了强大的作用，将冷却的地球于元古宙末期送入"雪球"状态。不过，反照率效应是双向进行的：一旦冰雪开始融化，较深颜色的表面（如含杂质的冰、裸露的陆地或广海水体）就会提高太阳辐射的吸收量，导致气温升高、冰雪融化得更多，以及深色地表扩张。这种加速的暖化会进一步放大碳循环的反馈。

正反馈过程可以强化冷却作用。例如，冰期的多风环境为海洋中缺铁的浮游植物输送了营养丰富的尘埃；当浮游植物的一部分生物量（biomass）未经分解就沉到海底时，大气层中二氧化碳的浓度会逐渐下降。但是，通过冰芯和沉积物的岩心获取的数据曲线呈现清晰的锯齿状，这强调了地球气候系统不可避免的非对称性 —— 降温所需的时间要比升温所需的时间长得多。

恶化的碳

对于身处人类世的我们而言，最紧迫的问题是：过去的变暖事件究竟发生得多快？那些时期的温室气体浓度有多高？末次冰盛期（last glacial maximum）[①] 发生在 1.8 万年前，其间规模巨大的冰垂（ice lobe）留下了钱伯林所称的威斯康星冰期沉

---

① 最近一次冰期中气候最寒冷、冰川规模最大的时期。——译者注

积物。当时，大气中二氧化碳的浓度为 180 ppm。凛冬过后，轨道因素又开始有助于形成温暖的环境，二氧化碳的浓度也随之上升。然后，地球进入了一个持续变暖的时期，但 12 800 年前与 11 700 年前之间的**新仙女木事件**（Younger Dryas，一股短暂的寒流）中断了气温上升的趋势。通常认为，墨西哥湾流（Gulf Stream）的紊乱导致了新仙女木事件。该洋流将温暖的热带海水输送到北大西洋，同时北大西洋被融化的冰盖带来的淡水淹没。到目前为止，二氧化碳的浓度在 6 300 年的时间里提高到了 255 ppm，平均上升速率为每年 0.01 ppm。当墨西哥湾流恢复常态时，地球仿佛做出了一个"划时代"的决定，要采用一种完全不同的运行模式。约 11 700 年前（全新世的金钉子），在短短几十年间，全球平均气温突然飙升至全新世的数值，地球也摆脱了更新世的"蹦极时代"。

　　然而，在向全新世过渡的时期中，地理环境再次进行了大规模的调整。冰帽萎缩，冰雪融水汇聚成了巨大的湖泊。其中一些湖泊以不牢固的冰障（ice barrier）为界，悲剧性地流失殆尽。华盛顿州东部的"河道疤地"（Channeled Scablands，由冰川洪水造就的荒地景观），便记录了一场超乎想象的灾难性洪水。彼时，一座蓄积了相当于密歇根湖（Lake Michigan）水量的冰坝（ice dam）突然崩塌（对不住了，莱伊尔先生）。新的河流系统开始在这片崎岖不平、冰川消融的地貌景观上构建河网。在北美洲，密西西比河的主要支流，即密苏里河（Missouri River）与俄亥俄河（Ohio River），标志着新近冰盖的边缘，该处必须排出最大体量的融水。随着冰川融水回归海洋，海平面

144

在几千年间上升了数百米，进而海水席卷了沿海地区，将古老的河谷变成了河口。连接亚洲与北美洲的陆桥被淹没。在英吉利海峡被海水填满后，英国与欧洲的其他地区分离开来。不过，海岸线最终稳定了下来。天气模式变得有规律且可预测。此后，人类得以种植庄稼并创建文明。

1800 年左右，就在人类开始大量消耗远古的碳燃料之前，大气中二氧化碳的浓度已经上升到了约 280 ppm，仅比全新世伊始高 35 ppm。这表明，在 1.1 万年的时间里，地球的碳循环已进入一种平衡状态；其间，火山作用与腐烂的有机质释放出来的碳，与光合作用吸收的和以石灰岩形式封存的碳，大致相当。不过，"碳预算"偶尔会发生小小的失衡，进而将人类社会推向饥荒与冲突。

在工业革命过后的数十年间，人类，如同过度生长且吞噬泥炭的微生物，开始大肆挥霍地球长期储存的碳 —— 先是煤炭，然后是石油和天然气。光合作用与石灰岩淀积作用无法再维持碳循环的平衡状态。关于碳排放的一个不公事实是，虽然 20 世纪的碳排放主要归咎于一部分地区（美国和西欧），但承受后果的是整个世界。这是因为，与碳在大气层中的滞留时间（数百年）相比，对流层（大气最下层）的混合时间（mixing time，风和天气的湍流搅动使全球范围内的空气均匀化所需的时间）非常短暂（1 年）。如果混合时间长于滞留时间，碳排放物就会在其被释放的区域附近徘徊（就像环卫工人罢工时堆积起来的垃圾）；这可能会促使人们采取行动来遏制它们。然而，由于我们个人的碳排放物不仅无形，而且随意地分散至世界各地，我们缺少动力来降低它们。[18]

1960 年，全球大气中二氧化碳的浓度已经攀升至 315 ppm（只用了 160 年就达到了之前 1.1 万年的增长量）；上升速率达每年 0.22 ppm，是晚更新世（地球开始显著升温时）的 20 多倍。1990 年，我们轻松地突破了 350 ppm 的大关；许多气候学家认为，350 ppm 是维持全新世气候稳定的上限 —— 正反馈的强大力量很可能会在该点被触发。截至 2000 年，二氧化碳的浓度已经高涨至 370 ppm，并以每年 2 ppm 的速度上升。就在我撰写本书之时，[①] 人类已经突破了 400 ppm 的界限，而且上升速率仍在不断增加。

虽然更新世的气候跌宕起伏，但整个更新世期间的二氧化碳浓度从未超过 400 ppm。上一次二氧化碳浓度达到如此之高，还是在 400 多万年前的上新世。确定无疑的是，更新世期间二氧化碳浓度的上升速度也未达到现今的水平。与当今气候最接近的情况，是发生在 5 500 万年前（新生代最早的两个世的交界处）的气候危机，即古新世−始新世极热事件（Paleocene-Eocene Thermal Maximum，简称 PETM）。

146

远古的镜像

就像地震的目击报道一样，分布于全球数十个点位的海洋沉

---

① 约 2018 年。——译者注

积物岩心，生动地讲述了古新世-始新世极热事件的故事。这些岩心都展示了一项令人感到冲击的事实：微体化石中的氧同位素比值显示，气温骤然提高了 5～8℃；与此同时，海洋的酸度上升，以方解石质外壳物质的急剧减少为标志；^{12}C 的异常富集（相对于 ^{13}C）表明，来自某种生物源的碳大量流入。[19] 化石记录说明，海洋生态系统陷入一片混乱：多种浮游生物的数量严重下降，而底栖有孔虫（benthic foraminifera）这种海底微生物的灭绝更是表明，海洋的深水区也遭此厄运。这些变化反过来又引发了海洋食物链的重大重组。在陆地上，更炎热、更干旱的环境迫使哺乳动物大规模地迁移，而五分之一的植物物种因迁移速度不够快而灭绝。古新世-始新世极热事件的海洋和陆地记录显示，海洋与生物圈花费了 20 万年才达到新的平衡状态。[20]

古新世-始新世极热事件期间，碳同位素比值的变化幅度能够帮助我们估算当时释放的碳量；大多数的计算结果处于 20 000～60 000 亿吨 ① 这一范围内。（**注意**：碳排放有时会用"CO_2"，而不是"C"来表示；在这种情况下，数值提高到了 3.7 倍，反映出 CO_2 的分子质量更高。）20 000～60 000 亿吨的数值过于庞大，令人难以想象；作为对比，人类迄今为止排放的碳量总计为 5 000 亿吨左右，其中四分之一是 2000 年以来释放的。由于排放速率仍在攀升，预计至 2100 年，我们很可能达到或超过古新世-始新世极热事件碳峰的诸多估值。

① 碳量排放的英文单位常用 Gt（gigaton，十亿吨）表示，政府间气候变化专门委员会（IPCC）报告中可见。原书单位使用 Gt，为中文表述方便，本书换算为"亿吨"。——编者注

一个重要但尚未解决的问题是，远在人类养成燃烧化石燃料的习惯之前，古新世-始新世极热事件是如何释放出如此多的生物碳的。两大候选答案是：（1）北大西洋扩张期间的岩浆活动点燃了煤或泥炭，情况类似于宾夕法尼亚州森特勒利亚（Centralia）阴燃了50年的大火（地下煤层被点燃）；（2）被困在冰体中的甲烷，即**笼形包合物**（clathrate）或**天然气水合物**（gas hydrate），① 突然从海底沉积物中挥发。这种固态甲烷（由愉快地吞噬有机质的微生物形成）仅在有限的温度和压力条件下维持稳定。如果海水变暖，或者海底滑坡使富含天然气水合物的地层突然暴露出来，固态甲烷就会变得不稳定，并从海底大规模地喷发而出（好比海洋打嗝）。天然气水合物直到20世纪80年代才为人所知。在此之前，沉积物的岩心通常含有较大的孔隙，表明某些物质在岩心被提取上来的过程中消失了；科学家还没来得及观察岩心，这些奇怪的"冰"就已经挥发了。不过，更高效的岩心采取方式最终揭示了孔隙中原有的物质——可以燃烧的"冰"。据估计，目前在海洋沉积物中的天然气水合物储量介于10 000～100 000亿吨之间。与冻原泥炭一样，随着气候变暖，这些碳储量可能会变得不稳定；天然气水合物的突然挥发，将会引发失控的温室效应。

然而，古新世-始新世极热事件时期的沉积记录（分辨率不超过几千年）无法帮助我们区分"打嗝"的海洋瞬间释放的碳

148

---

① 笼形包合物是指小分子物质充填在另一种物质的笼形结构的空间中形成的化合物；天然气水合物又称可燃冰，是指天然气与水在高压低温条件下形成的类冰状结晶物质。——译者注

与煤或泥炭长期（1 000 年）燃烧排出的碳。研究两者之间的差异，不仅仅是出于学术目的。如果古新世-始新世极热事件的碳排放速度以"1 年"为分母，那么我们仍然可以坚称，人类的碳排放速度并非史无前例。不过，如果以"数千年"为分母，人类世的碳排放量就是真正极端的地质异常值。

新的一页

如今，人类通过燃烧化石燃料、生产水泥（焚烧石灰岩）、森林砍伐等活动，每年排放 100 亿吨以上的碳，轻松达到全球火山喷出的气体总量的 100 倍。但是，我们能否模拟生物地球化学循环，找到将人类排放的碳从大气层中回收的方法呢？可行的策略有很多，从尖端工程到直接复制大自然的地质作用。截至当前，高科技方法因造价过高而难以实施；低科技方法则见效太慢；至于复制地质作用存在的问题是，它们往往按照自己钟情的"节奏"推进。

多年以来，美国煤炭行业一直在推动"清洁煤"（clean coal，又称精煤）这一自相矛盾的概念。其基于一种不太可能实现的设想，即美国各地的发电厂都将安装"碳捕集与封存"（carbon capture and sequestration，简称 CCS）系统。CCS 技术的确存在；它涉及捕获煤燃烧产生的二氧化碳，在高压环境下压缩气体，而后将气体注入地下深处的多孔岩石中。这一计划最好是在发电厂或其附近（如果当地的地质条件适宜）。对于邻近海岸

线的发电厂，一些 CCS 计划设想在深海中处理二氧化碳，但这
种做法可能会弄巧成拙（造成海洋酸化），因为海洋酸化是 CCS
计划试图最先缓解的温室效应之一。

在 21 世纪初的一段时间里，如果经济刺激足够强，比如征
收碳排放税，或者建立总量管制与交易（cap-and-trade）的碳排
放市场，那么 CCS 技术似乎能够在更大的范围内实施。然而，
利用水平钻井（horizontal drilling）和水压致裂（又称水力压
裂）技术从页岩中开采出的"非常规"天然气，打消了以上设
想。能源价格大幅下跌，而且与煤相比，燃烧天然气产生的二
氧化碳净排放量更低，这极大地削弱了提倡 CCS 计划的新生运
动的势头。（虽然天然气单位热量产生的二氧化碳比煤少 50%，
但从密封不良的油井和维护不善的管道中"逃逸"的甲烷，在
一定程度上否定了"天然气是低二氧化碳燃料"这个行业口
号。）[21] 燃气发电厂也可以使用碳捕集系统，只是造价极高：新
工厂的建设成本几乎翻倍，而捕集二氧化碳的成本（有效碳排
放税或市场价值的下限）预计为每吨 70 美元左右，还不包括运
输和储存的费用。[22] 在当前的经济和政治环境下，CCS 计划似
乎不太可能解决我们制造的碳危机。

即使碳捕集技术在经济上是可行的，它们也不一定是"万
灵药"。虽然发电厂直接排放的二氧化碳可以减少 80%~90%，
但 CCS 过程本身需要巨大的能量。此外，如果封存环节无法就
地进行，运输二氧化碳就会产生额外的能源需求。最后，将加
压的二氧化碳注入深部地层并非没有挑战。作为存储"容器"，
岩石必须拥有足够多的孔隙，以便容纳大量的压缩气体，但岩石

的渗透性又不足以让气体逸出；这种情况有点像，因一个朋友的慷慨与合群而珍视他／她，但又希望他／她能够保守重要的秘密。将高压流体强制注入岩石，无论是二氧化碳，还是水压致裂技术产生的废水，都会形成令人不安的副作用——诱发地震。具有讽刺意味的是，地震可能会破坏二氧化碳储层的完整性。

　　如果不在发电厂捕集碳，那么我们能否模仿光合作用，直接从空气中提取二氧化碳？20 多年以来，许多学者和民营企业一直致力开发"人造树"（artificial tree）。其"叶片"可以将周围的二氧化碳结合到化学介质中，比如碱液（氢氧化钠，NaOH）等强碱，或者聚合树脂。亚利桑那州立大学的物理学家克劳斯·拉克纳（Klaus Lackner）是这项技术的乐观倡导者。他认为，人类有可能研制一种"树"，每棵"树"每天可以捕集多达 1 吨的二氧化碳，约为天然树木的 1 000 倍。在该效率的最佳水准下，需要"栽种"3 000 万棵人造树，才能跟得上人类目前的碳排放速度（每年 100 亿吨）；除此之外，需要几亿棵人造树来扭转一个世纪以来碳排放所造成的影响——甚至恢复到1990 年的 350 ppm（许多气象学家判定的临界点）。

　　美国物理学会（American Institute of Physics）的一项研究预计，即便采用最具可行性（仍未经验证）的技术，直接从空气中捕集二氧化碳的成本也会高达每吨 780 美元，几乎是在发电厂运行 CCS 系统的 10 倍。[23] 再者，用于直接捕集二氧化碳的"森林"需要占用大面积的土地，而且它们捕集的碳仍然要通过注入地下或以某种固体形式埋藏等技术来处理。

祈求树木保佑

以上概念都让老式的光合作用看起来像一笔划算到难以置信的交易——更何况我们还拥有技术！那么，尽可能多地种植种子和树苗是解决方案吗？如地质记录所示，降低大气中二氧化碳浓度的诀窍是，每年通过光合作用固存的碳，多于生物的分解作用所释放的碳。（当然了，颇为讽刺的是，远古地质年代中未分解的有机碳，形成了让人类陷入当今困境的化石燃料。）如果植物在春夏两季中固存的碳，在秋冬期间通过腐烂作用释放出来，二氧化碳的浓度就不会发生净变化。因此，生长迅速且寿命长的树木是碳固存计划的"宠儿"。虽然树木无法永久地储存碳，但它们可以让碳在数十年至数百年间不参与循环。

然而，即使是利用植树来调节碳排放这一简单的想法，也会在实施过程中变得愈发复杂。首先，用于重新造林的土地面积显然是有限的；我们的确需要种植粮食（但在 20 世纪美国北部的一些区域，如威斯康星州和新英格兰地区于 19 世纪期间被全面砍伐和耕种的土地，正在回归林地）。其次，人们可能会认为，生长速度非常快的小树会固存更多的碳。如果这是真的，那么砍伐古老的森林来为新生植物腾出空间的做法也算是合理的。然而，近期的研究反倒表明，许多树种会随着年龄的增长而吸收越来越多的碳，因为叶片的面积、树围和树枝的数量都在不断地增加。[24] 因此，让老树继续生长，同时种植新树，似乎是最佳策略。尽管如此，树木的寿命依旧是有限的，它们最终会将碳返还给大气。

152

此外，有一种更积极地利用光合作用的方法，拥有一个烦琐的名字，即"生物能源与碳捕获和储存"（bioenergy with carbon capture and storage，简称 BECCS）。该技术是将生长迅速的光合作用植物（如柳枝稷或"养殖"的藻类）的生物量当作燃料来源，然后将其燃烧时排放的碳固存起来。从理论上来讲，这可能是一个真正的减排过程，因为至少一部分通过光合作用提取的碳会长期脱离大气。小规模的试点项目已经展现出潜力，但将植物性物质转化为燃料的过程本就消耗能量，而且用来捕集碳的生物量设施可能比煤炭或天然气设备更为昂贵。[25]

在地质历史中，许多光合碳以海洋生物量的形式被固存。绝大多数是细菌，它们沉入海底，并被埋藏在含氧量低的沉积物中（其中一部分变成了石油、天然气或天然气水合物）。也许，我们可以通过刺激海洋中浮游生物群落的生长来效仿这一过程，希望它们固存的一些碳能够进入沉积物，并被封存亿万年之久。对此，最好的"肥料"是铁，因为自元古宙的大氧化事件以来，微生物就一直渴望得到铁。

然而，蓄意操纵海洋化学性质的提议，引起了海洋生物学家的警觉。改变食物链的根基，势必会产生不可预见的负面影响（我们已经在无意间明知故犯了，比如因未能减少农业中磷和硝酸盐的径流而导致沿海形成缺氧的"死区"）。这便解释了，为何企业家拉塞尔·乔治（Russell George）于 2007 年出售一家名为"浮游生物"（Planktos）的公司的股份时，科学界发出了强烈的抗议。该公司试图给太平洋中一块罗得岛大小的海域施肥，并向具有环保意识的消费者出售碳补偿（carbon offset）服务。

虽然该公司的计划落空，但乔治于 2012 年卷土重来。他为生活在加拿大不列颠哥伦比亚省沿海的第一民族海达人（Haida people）担任顾问，承诺用铁肥来重振他们萎靡的鲑鱼产业。100 吨硫酸铁 [①] 被倾倒在了夏洛特王后群岛（Queen Charlotte Islands，又称 Haida Gwaii）附近的海域中，效果未知。此后，联合国的国际海事组织（International Maritime Organization）谴责了这一行径，加拿大的环境部也出面阻止。科学界对随意改变海水性质的顾虑，在某种程度上源于以下事实：我们无法确定，人类当前对海洋生物地球化学性质的认知，是否适用于不久的将来。我们对全球现存的海洋微生物群系尚未完全了解，对它们在海洋升温与酸化环境下的演化方向所知甚少。[26]

聚焦石灰岩

如果排除加速海洋微生物生长这一提议，那么我们或许可以仿效地球长期以来的碳固存方案 —— 将大气中的二氧化碳封存在石灰岩中。石灰岩的形成始于风化的硅酸盐岩石，其释放的钙与大气中的二氧化碳结合，进而生成了碳酸钙或方解石。该过程解释了，为何喜马拉雅造山带的崛起会使二氧化碳的浓度缓慢下降，导致全球降温（请见第三章）。在自然界中，有壳生物负责这项工作，它们每年预计吸收 1 亿吨的碳（足以将地质历史上火山释放的 99.9% 的二氧化碳封存在固态岩石中）。然

154

---

① $Fe_2(SO_4)_3$。——译者注

而，要想跟上人类目前的碳排放速度，该数字要提高到 100 倍。不幸的是，随着海洋酸度的增加，形成碳酸钙质外壳将成为一项更加艰巨的任务；这将导致石灰岩本就缓慢的天然形成速度，会在未来的几个世纪中继续下降。

不过，存在这样一种可能性，即谨慎地促进硅酸盐岩石的风化反应（吸收空气中的二氧化碳），以此形成人造"石灰岩"。一种名为橄榄岩（peridotite）的岩浆岩富含橄榄石（olivine），其宝石级原石被称为贵橄榄石（peridot）。橄榄岩会与二氧化碳反应，生成一种类似于方解石的富镁碳酸盐矿物（菱镁矿，magnesite），反应过程如下：

$$Mg_2SiO_4 + 2CO_2 \rightarrow 2MgCO_3 + SiO_2$$
橄榄石 + 二氧化碳 → 菱镁矿 + 石英

问题是，虽然地球上的橄榄岩极为丰富（上地幔的主要成分），但这种岩浆岩在地表相当罕见。然而，在某些地区，包括纽芬兰、阿曼、塞浦路斯和加利福尼亚州北部，由于俯冲过程发生了问题，地幔岩石板块逆冲到了大陆边缘之上。在这些地方，橄榄岩会被板块刺穿，将被捕获的二氧化碳"泵"入穿孔中。一项研究表明，单是阿曼的橄榄岩每年就能够吸收 10 亿吨的碳（人类每年排放的碳量的十分之一）。[27] 碳酸化反应（carbonation reaction）在低温环境下进展缓慢，但该过程会放热；因此，一旦碳酸化反应开始，反应就会自我加速。当然了，主要的问题是，如何将二氧化碳输送到橄榄岩分布的区域。对此，要么二氧化碳必须被捕集并运送到橄榄岩出露的所在之处（罕见地区），要么人类必须大量开采橄榄岩，并将其散布在地表的广大区域中，让二氧化碳能够被动地与大气发生反应。

来自上空的袭击

　　考虑到在去除二氧化碳时面临的种种困难，向平流层中注射硫酸盐气溶胶使地球降温的想法（灵感来自1991年皮纳图博火山的喷发）看上去如此诱人，也就不足为奇了。"太阳辐射管理"计划的成本相对低廉（每年花费几十亿美元），而且或许可以利用火箭、飞艇或高空喷气机立即启动。不过，这也可能是一场浮士德式交易。[1]一旦开始，硫酸盐注入计划就会持续数十年乃至上百年，因为在二氧化碳并未急剧减少的情况下，该过程只能掩盖但无法逆转温室效应（二氧化碳浓度上升所导致的海洋酸化现象也无法缓解，并会破坏碳酸盐淀积作用——地球缓慢却有效的长期碳固存系统）。此外，存在一种道德上的风险，即抑制"症状"会降低政界"治疗"隐疾的意愿。而且，几年后停止注射，将导致剧烈的"补偿性"升温；这可能会摧毁生物圈，造成天气模式的极端变化。

　　在50年至100年的时间里，每隔几年就向平流层中注入相当于皮纳图博火山的喷发量（约17兆吨）的二氧化硫，将以人类无法完全预知的方式，从根本上改变生物地球化学循环。再

---

[1]　根据德国民间传说，博学多才的浮士德将灵魂出卖给了魔鬼，以换取权力和享乐。歌德根据这一传说写出了举世闻名的诗剧《浮士德》。——译者注

者，如同瘾君子需要不断增大剂量才能获得同样的快感，要想达到相同的冷却水平，所需的硫酸盐的量实则会随着时间的推移而增加。这是因为，硫酸盐微粒的滞留时间和反射率，会随着它们的聚集和体积变大而逐渐降低；越大的粒子从大气层中掉落的速度越快，而且与小粒子相比，大粒子的表面积与体积之比更小，这降低了其作为"太阳能反射器"的效率。

大气化学家当然知道，平流层中大量的硫酸盐会破坏地球用来屏蔽辐射的臭氧层；自 1989 年《蒙特利尔议定书》首次限制了氯氟碳化物的使用以来，臭氧层一直在缓慢恢复。此外，硫酸盐输送系统本身就会对环境造成相当大的影响：如果采用喷气式战斗机，那么每年需要飞行数百万次。[28] 每次任务都需要将硫酸盐发射到 10 千米高的平流层内，而有效载荷有可能达不到目标高度，这将导致局部地区被酸雨冲刷。

对于进行光合作用的浮游生物与植物而言，硫酸盐层会改变落在它们身上的光的波长和强度，对自然界的食物网、森林和农作物产生未知的影响。一个极为残酷的讽刺之处是，气溶胶会降低太阳能发电的效率，尤其是使用镜子和透镜汇聚阳光的大规模太阳电池阵，从而削弱这项本可以帮助我们摆脱对化石燃料（气候问题的根源）的依赖的技术。[29] 因为硫酸盐气溶胶无法在没有光线可反射的黑暗中发挥作用，所以它们会降低昼/夜、夏季/冬季、热带/极地的温差。这可能会导致全球的天气模式（由温差及温度梯度驱动）发生巨大的变化。而对于诸多复杂的由温度驱动的大气-海洋相互作用（atmosphere-ocean interaction）来说，例如每隔几年就会发生一次的厄尔尼诺现象，以及每月或每两个月发生一次的**马登-朱利安振荡**（Madden-Julian oscil-lation，控制着太平洋盆地周边的天气），以上操作造成的潜在影响尚未可知。多种气候模式显示，受一年一度的亚洲季风影响的区域可能会出现降水急剧减少的现象，尽管这些模拟结果存在较大的不确定性。[30] 那么，如何帮助那些受到大气操纵计划的不利影响的地区？鉴于当前的世界治理状态，很难想象这种跨世代的全球性地球化学实验能够顺利地进行，并促进各国之间的和谐关系。有没有人说过"天空本是白色的，而非蓝色的"？

这告诉我们，对平流层硫酸盐注入计划呼声最高的倡导者：要么是习惯于将自然世界视为一种商品体系，认为其"实际"价值是以美元衡量的经济学家；要么是把自然世界当作一种易于理解的实验室模型的物理学家。通常，这些人的说辞是，人类排放的温室气体无意间改变了大气层，如今已经到了"别无选择"的地步，只能对气候进行有意的"管理"。[31] 绝大多数的地球科学家了解大气、生物圈和气候的漫长且复杂的历史（地狱般的物种灭绝、焦虑不安的冰期、脆弱的食物链和强大的反馈机制），认为人类能够"管理"这颗星球的想法是狂妄且危险的。当人类还未学会控制自己的时候，到底是哪里来的自信让我们妄想人类可以控制全球规模的自然界？

回归自然

碳排放这个难题并非当前唯一的环境挑战，但它强调了一项更普遍、更棘手的事实：消耗、改变或破坏自然现象所需的时间，与替换、复原或修复自然现象所需的时间，存在极大的不对称性。这是我最初透过电气石的晶体碎片意识到的残酷事实，也是人类世期间最重要的挑战。

158　　　这个无畏的新纪元并不是我们能够掌握一切的时代；这只是人类漫不经心与贪婪的生活方式开始改变全新世环境的时间点。这也不是"自然的终结"，而是人类置身于自然之外这一幻觉的终结。我们被自身创造的事物迷得眼花缭乱，却忘记了自己完全身处于一个更古老、更强大的世界，而我们将它的"恒久"视作理所当然。作为一个物种，人类远没有自己想象的那样灵光；即便自然界只是稍稍偏离我们的预期，譬如以卡特里娜（Katrina）、桑迪（Sandy）、哈维（Harvey）等飓风为幌子，人类也很容易遭受经济损失，引发社会动荡。虽然人类连最微小的变化都厌恶，但我们如今已经为环境的偏差埋下了隐患，这些偏差将比我们以前面对的所有情况都更浩大、更难以预测。人类世最讽刺的一点是，我们对地球造成的巨大影响反倒让自然界重掌大权，其制定了一套尚未公布而只允许人类揣测的规则。全球规模的剧变留下的化石记录则清楚地表明，在一个全新且稳定的"制度"诞生之前，地球的生物地球化学性质可能会长期处于变化无常的状态。

垂向时间、乌托邦与科学

> 过去、现在与未来之间的区别，仅仅是一种顽固且持久的
> 幻觉。
>
> ——出自阿尔伯特·爱因斯坦写给米凯莱·贝索
> （Michele Besso）家人的信，1955 年

水中巨物

在每年 2 月的几个星期中，温纳贝戈湖（Lake Winnebago，威斯康星州最大的内陆水体）的冰面上会突然出现小镇，如同《蓬岛仙舞》（*Brigadoon*）中的世外桃源。温纳贝戈湖是规模更大的奥什科什冰川湖（Glacial Lake Oshkosh）的遗迹；这座冰川湖由冰期晚期的融水汇聚而成，留下了厚厚的黏土沉积物，令当地的园丁头痛不已。温纳贝戈湖很浅，虽然来自草坪和农场的径流经常使它在夏季呈现令人不安的绿色，但这片水域仍然哺育了一群健康的湖鲟。每年，在湖鲟前往上游支流产卵之前，它们会聚集于温纳贝戈湖的部分地区，同时"季节限定"的小镇在冰面"崛地而起"，与下方的鱼群相映成趣。

　　鲟鱼是大型鱼类——该地区的"纪录保持者"高达 109 千克（当地报纸指出，这条鲟鱼甚至比"包装工"橄榄球队的一名颇受欢迎的中后卫[1]还要重）。鲟鱼的寿命比人类长，而且它们的谱系早在早白垩世就已存在。捕捉鲟鱼的方法，并不是将小巧的鱼钩和鱼线放到狭窄的螺旋钻孔中，而是在冰面上锯出一个大大的矩形洞口，之后用三叉戟状的鱼叉猎捕。虽然用鱼叉捕鱼听上去很残忍，但至少人类与鲟鱼之间的对决是公平的。鲟鱼猎手要在黑暗的棚屋里等上数小时乃至几天，只能通过穿透冰层后被湖底反射的光线照明；这种"二手"阳光会散发一种超脱凡世的光芒。如果一条鲟鱼碰巧游过，那么捕鱼者会在最有利的时机用足力气刺向它，然后展开激烈的搏斗，将鲟鱼从冰冷的湖水中拖出。整个过程是一项体现运动才能的壮举。有些人在棚屋里熬了 30 个捕鱼季，却连一条鲟鱼也没有捉到。有些鲟鱼则在湖里畅游了 100 多年，从未被抓到。

　　早在 20 世纪 10 年代，温纳贝戈湖及周边水域中鲟鱼数量的下降便引发了人们的担忧。鲟鱼肉与鲟鱼子的售价非常高，年复一年，商业性渔猎活动竭尽所能地捕捞鲟鱼。1953 年冬，当捕捞的鲟鱼数量达到近 3 000 条时，大众才意识到，鲟鱼可能很快就会因渔猎而灭绝。因此，鲟鱼猎手与威斯康星州的自然资源部（Department of Natural Resources）开始合作，一同监测鲟鱼的数量并设定捕捞上限。[2]在春日的产卵季期间，公民志愿者（"鲟鱼巡逻队"）会沿着支流站岗。雌鲟鱼会于半路露出水面，在浅滩岩石上产卵；随后，雄鲟鱼会使这些卵子受精。自然资源部的生物学家则会密切地关注冬季鲟鱼的渔获量。一旦渔获量达到设定的上限，捕鱼季就会结束，有时仅持续了几个小时。鲟鱼猎手明白这是为了保护未来的鲟鱼种群，因此尊重该制度。通往棚屋区的冰道起点处设立了称重站，每条鲟鱼的性别和重量都会在此鉴定。人们会切下一小片背鳍来判断鲟鱼的年龄，因为背鳍上发育着如树木年轮一般的生长条带。"那条的年龄比曾祖母还大！这条是柯立芝（Coolidge）[①] 当美国总统时孵出的！"称重站本身就是一座"季节限定"的小镇，各个年龄层的人都聚集在此处，观看从"平行的远古世界"中打捞出来的大鱼。虽然鲟鱼所在的世界距离人类如此之近，但我们只能在每年冬季的几个星期里一窥究竟。

追寻逝去的时间

法国哲学家布鲁诺·拉图尔（Bruno Latour）认为，现代社会的一个典型特征是"在认知流逝的时间方面存在一种特殊的倾向，即将过往抛诸脑后"。[3] 我们认为，人类的世界观代表了"一种认知断裂（epistemic rupture），这种认知断裂极为激进，以至于过往的一切都无法从中幸存"。此外，我们认为，技术帮助人类摆脱了自然史（长久以来定义了人类的经历）的压迫。作为远离过往的"永久流亡者"，人类对逝去的时间怀有复杂的情绪。我们允许自己偶尔怀旧，却责骂他人"活在过去"。当前

①　柯立芝总统任期为 1923 年至 1929 年。——编者注

盛行的共识是，过往必须被废除，为更美好的事物让路。（还记得老式的翻盖手机吗？）我们告诫彼此，不要成为勒德派（Luddites）^①的一员，不要让世代倒退回黑暗时代。

　　然而，我们被困在了名为"当下"的岛屿上，形孤影只。当我看到人们每年在寒冬中围成一团，只为观看又大、又老、又丑的鱼被称重时，我感受到了一种非常"不现代"的渴望——与过往建立联结。而且我怀疑，主动逃离过往是诸多问题的根源：可以说，在环境方面犯下的罪行与关乎存在的不安，都源于人类对自身在自然世界历史中的地位认知错误。如果我们能够接受共有的过去和共同的命运，将自身看作幸运的"继承者"及最终的"遗赠人"，而非地球这座"庄园"的"永久居民"，人类就可以更好地对待彼此与这颗星球。简而言之，我们需要与时间建立一种新的关系。

　　现代人笃信，时间是一个单向的矢量，而且"逝去的时光覆水难收"本身就代表着与过往的决裂。早先的社会与文化充斥着先祖之灵的观念和古老的仪式，这些传统将生者、逝者和尚未出生的人编织成了浑然一体的"时间华袍"，模糊了过去、现在和未来的概念。佛教中的sati通常被翻译为"正念"（mindfulness，表示"只专注于此刻"），但它实际的意思更接近于"当下的记忆"，即从超然物外的制高点感知此刻。⁴加纳人信奉的sankofa^②通常以一只回望的鸟为象征，它提醒人们前行且不忘过去。在北欧神话中，支撑着宇宙的世界之树（Ygdrassil）由

① 指反科技者。——译者注
② sankofa是加纳契维语的一个词，大意是"回到过去并带回"。——编者注

162

神秘的命运三女神（Norns）维护，她们分别为乌尔德（Urðr）、维尔丹蒂（Verðandi）和诗蔻蒂（Skuld）。三者的名字有时被解释成"过去""现在"和"未来"，字面意思则为"命运""成为"和"必然"，暗示了一种奇怪的时间循环概念——未来嵌入过去。[5] 每一日，命运三女神都会从圣井中舀取古老的泉水来滋养世界之树，并诵读奥尔劳格（Orlog，主宰万物的永恒法则）。以上行为都体现了"命运"（wyrd）这一北欧观念，即过往对现在施加的力量。[6]

从许多方面来说，地质学是一门认知"命运"的学科：过往的秘密历史支撑着这个世界，将人类罩于当下，并设定了我们的未来之路。过往并未消逝；事实上，我们可以在岩石、景观、地下水、冰川和生态系统中轻易地察觉到其留下的痕迹。比方说，如果一个人事先了解了某座伟大城市的建筑物的历史语境，那么其游览这座城市的体验会变得更为丰富。与此相似，识别出各地质年代的独特"风格"，也会让人深感满足。而且，人类，同样居住在地质年代之中。

163

我经常觉得，自己不仅仅生活在威斯康星州，而是居住在许多的威斯康星州。即便不刻意去感受，我也能体会到自然和人文的丰富历史在这片地貌景观上留下的深远影响：森林依旧在 19 世纪的皆伐（clear-cutting）阴影下恢复；支配着古代贸易路线的河流，本身就是由被巨大的冰盖堆积起来的冰碛（moraine）塑成；金色砂岩标志着古生代的海岸；变形的片麻岩则是元古宙山脉留存至今的根基。奥陶系并不是一个模棱两可的抽象概念，前几天我就与学生们实地勘探过！于地质学家而言，每个露头都是通往远古世界的大门。我是如此习惯"多时间线"的思维方式，以至于当别人提醒我这种视角并非常态时，我感到十分惊讶。

威斯康星州的水源丰富，五大湖中的两大湖[①]守卫着边界，数千座小型湖泊星罗棋布，河流纵横交错，稳定的含水层（aqui-fer）每年都能够获得雨雪的补给。然而，城镇和企业农场的扩张已经在威斯康星州的一部分地区造成了地下水危机。直到最近，州法才规定，只能在天然补给速度能够跟得上开采速度的地区安装高产水井。根据当地岩石和冰川沉积物的性质，天然地下水的流速介于每日几厘米与每年几厘米之间；视水井的深度而定，被开采的地下水可能具有几年、几十年或几百年的历史。因此，了解某地区的地质背景与地下水的开采历史，对于维护含水层来说至关重要。然而，只关注利益的州检察长裁定，自然资源部无权评估任何特定地区的水井所产生的复合效应，并且辩称，自然资源部为某一家乳制品工厂颁发许可证，却拒绝另一家，这是"不公平"的。[7]该做法相当于州检察长宣判过去和未来都无关紧要，只有现在才是最重要的。

科技进步的一个讽刺之处是，它创造了一个在诸多方面比工业化前的世界更缺乏科学性的社会；在工业化前的世界中，没有一位通过辛苦劳作理解物理现象，或者借由自给性农业认知气候的公民，认为自己不受自然法则的约束。而"现代"魔幻思维具有一种特点，即人们相信，像咒语一样叨念谎言，就

---

① 指密歇根湖和苏必利尔湖。——译者注

能够将其转化为科学真理。这种思维还与对自由市场的一种近乎神秘的信仰挂钩：据先知所说，自由市场将以某种方式允许我们永远过着超出我们支付能力的生活。

问题的本质在于，科技进步的速度远远超过了人类认知成熟的速度（好比在集群灭绝事件中，环境变化的速度赶超了演化适应的速度）。评论家兼作家利昂·维泽尔蒂尔（Leon Wieseltier）认为："每一种技术都是在被完全理解之前就投入使用了。一项创新与人们对其后果的认知之间，总是存在时间差。"[8] 数字技术的快速淘汰，以及其所带来的文化遗风，侵蚀了人类对留存事物的尊重。（譬如，人们会说："那都是五分钟之前的事了。"）就像依赖 GPS 导航系统会导致我们的空间可视化能力衰退一样，顺畅又即时的数字通信削弱了我们对时间结构的理解。"现代"观念认为，只有"当下"是真实的，这可以说是一种妄想；与此相比，中世纪的"命运"概念似乎更为开明。我们对过往的视而不见，实则会危及人类的未来。

不顾及未来

165

我们习惯于将"当下"看作被宽阔的海峡（由其余的时间组成）所隔绝的岛屿，而改变这一习惯绝非易事。人类喜欢"当下"——数字设备绵延不绝的响声阻止我们过多地停留于过去，或者过度谨慎地筹划未来。由于我们的一生都暴露在广告之中，这使得企业为了商业利益而许下的"永葆青春"的承诺深入我们的脑海，督促我们购买一件又一件的新奇事物，以维持一种幻觉，即人类不受时间流逝的影响，"当下"永远不会结束。在人类的文化中，薪酬最高的人是对冲基金经理，因为他们编写的算法能够以秒为单位做出决定——当下、当下，都是当下。

如今，在谷歌浏览器上搜索"七世代"（Seventh Generation），页面会显示同名公司的官方网址和社交媒体账户的链接；该公司售卖清洁产品，目前已经被跨国公司联合利华收购。不过，"七世代"的理念源于 300 多年前易洛魁人（Iroquois，北美印第安人的一支）的《和平大律法》（*Gayanashagowa*）[9]。该理念一如既往地激进且富有远见：领导人在采取行动之前，必须再三考虑这些行动可能会对"未来部落的还没出生（……面容尚未诞生于世）的子民"造成何种影响。七个世代，也许相当于一个半世纪，比人的一生要长，但并未超出人类存在的时间；从曾祖辈延续到曾孙辈。从"七世代"原则的立场来看，人类当前的社会是"窃取未来之物的盗贼政权"。在一个连时间都不愿承认的现代世界里，如何才能让这个古老的理念被采纳？

我们欠未来什么？毕竟，如保险杠贴纸上的某则妙语所讲："子孙后代为我们做过什么？"哲学家萨穆埃尔·舍夫勒（Samuel Scheffler）假想，子孙后代实则为我们做了许多事情。他指出，如果我们知道自己死后不久人类就会灭亡，那么我们作为人类的体验将变得完全不同："知道自己与自己所爱和认识的所有人终有一天会死，并不会让我们中的大多数人对日常生活的价值丧失信心。然而，知道人类将不复存在，则会使许多寻常之事显得毫无意义。"[10] 受 P. D. 詹姆斯（P. D. James）的反乌托邦小说《人类之子》（*Children of Men*）中的情节启发，舍夫勒提出，我们是否有能力过上充实的生活取决于一种信念，即我们"在不断发展的人类历史中，在随时间延伸的生命与世代链上，占有一席之地"。

感谢子孙后代让我们保持理智，那么我们该如何补偿他们呢？从纯粹的经济视角来看，只要未来的收益大于当前的成本，我们就应该投资可预防未来环境问题的项目；而且每一项关于气候变化预期效应的经济研究都表明，现在的任何投资都会得到多倍的回报。真正的问题是，将经济决策的时间表从财政季度转变为几十年或更长的时间。《自然》杂志发表的论文《与未来合作》（"Cooperating with the Future"）颇具启发性。文中，由经济学家和演化生物学家组成的团队研发了一个游戏式模型，以制定或许能鼓励人们做出跨世代资源使用决策的经济激励措施或治理策略。[11] 该团队通过游戏发现，如果从个体层面做出决策，那么一种资源几乎总是会在一代人的时间内耗尽。这是因为一两个"流氓"玩家抽取的份额，往往多于其他人认为公平的或合理的份额。当然，这是典型的**公地悲剧**（tragedy of the commons）——集体资源（如牧场）被掠夺。若不是因为少数不良分子（如过度放牧的牧羊人）的自私行为，集体资源本可以通过共同管制无限期地维持下去。[12]

不过，"跨世代资源游戏"也显示，如果每一代人都能够通过投票决定其一生中可抽取的资源份额，然后按照投票结果的中位数给每个玩家分配资源，那么至少有一部分资源可以代代相传。投票能够让得到公平分配的玩家（通常占大多数）约束不良分子，而且有助于说服那些在未受监管的体系中可能会被诱惑去侵犯公有物的人，让他们相信遵守集体共同确定的限额符合他们自身的最大利益。然而，只有在投票具有约束力的情况下，该分配体系才能发挥作用。不需要借助游戏理论与统计分析，易洛魁联盟早已懂得这一道理。

大时代

问题在于，我们缺乏进行跨世代行动的意愿与政治经济基础架构。虽然狭隘思维这一陋习难以破除，但一组超越时间的艺术项目或许可以成为灵感。摄影师蕾切尔·萨斯曼（Rachel Sussman）[13] 周游世界，为年龄超过 2 000 岁的生命体（真正的千禧世代）拍摄正式的肖像：自柏拉图时代起就存在于世的脑珊瑚；在巨石阵建成时还只是幼苗的猴面包树和狐尾松；习性自元古宙以来始终如一的澳大利亚叠层石；沉睡了 70 万年，经历了 6 次冰期，如今又被人类世的气候变暖所唤醒的西伯利亚土壤细菌。这些“老古董”拓宽了人类的视野，让我们窥探到了与时间的另一种关系。它们帮助我们间接地看到了超越人类生命极限的世界。

168　　日本概念艺术家河原温（On Kawara）的作品探索了“单纯流逝的时间”，即剥离了叙事后的原始时间体验。[14] 1966 年至 2013 年期间，其创作了一系列被统称为《今日》（Today）的数千幅画作；每幅作品都很简洁，仅用白色在单色背景上绘出日期。1970 年到 2000 年，河原温给艺术品经销商和朋友发了数百封电报，每封电报的内容都是"我还活着"（I Am Still Alive）。（在这种情况下，该艺术项目的"生命"比其载体还要长。）在展品的说明牌中，他的年龄会以自己在展览开幕前活了多少天来体现。此外，他的作品《100 万年》（One Million Years）包含 20 卷，列出了从公元前 998031 年到公元 1001997 年（1997 年前后的 100 万年）期间的日期。前半部分的大多数日期与来自南极洲的（更为有趣的）冰芯记录重叠。《100 万年》的公开朗读活动仍在继续，并被记录在一个正在进行的项目中；以每分钟 100 个数字的流畅速度计算，需要 24 小时连续不断地朗读 7 天才能数到 100 万。

凯蒂·佩特森（Katie Paterson）位于奥斯陆的"未来图书馆"（Future Library）项目，则让人类与树木共同参与艺术创作，对"时机"（蕴含意义的时间）进行沉思。该项目设立的委员会（其现任成员终将去世，而后被新成员替换）负责每年选出一位作家，令其提交一篇写给 100 年后的读者的短篇小说——玛格丽特·阿特伍德（Margaret Atwood）是第一位担此重任的作家。这些手稿并不会被阅读，而是直接被保存在奥斯陆的戴克曼斯克图书馆（Deichmanske Library）内。与此同时，在该市北部一座专门种植的森林里，冷杉正在生长。到了 2114 年，冷杉百岁之际，它们将被制作成纸张，用以印刷由这些故事组成的文集。目前，"未来图书馆"由一个信托机构担保，以便该项目能够在发起人离世后继续进行。

实验作曲家约翰·凯奇（John Cage）的管风琴作品《越慢越好》（ORGAN2/ASLSP，全称为 As Slow As Possible）一直在德国哈尔伯施塔特（Halberstadt）的一座 14 世纪的大教堂中演奏，该音乐会将会延续 639 年。[15] 自 2001 年 9 月（凯奇 89 岁诞辰）开始演奏以来，这部作品仅有十几次和弦变化。通过对踏板施加重量，每个和弦会持续演奏数月至数年之久。如同"未来图书馆"项目，这场历时数百年的音乐会需要几代人的合作。

发明家丹尼尔·希利斯（Daniel Hillis）设计了一座"万年钟"（10 000 Year Clock），今日永存基金会（The Long Now Foundation）目前正在得克萨斯州西部的一处山体内部建造它。[16] "万年钟"由不锈钢波纹管提供动力，这种波纹管能够随着外部气温的变化而膨胀或收缩。这座钟将配备 25.4 厘米长的耐腐蚀的钛制钟摆，以及蓝宝石钟面；透过钟面，"万年钟"可以探测到太阳在天空中的位置，并定期进行自我校正。希利斯表示，设计一件续存时间与人类历史一样悠久的物品，必然会让人们对时间形成截然不同的看法。例如，在万余年间，忽略闰秒将会导致时钟产生 30 天的误差。到时候，地球将处于岁差周期的另一端，北半球会在现今的冬至日向太阳倾斜。此外，必须考虑在该时间尺度下发生的内部环境变化。如果气候变化加速且冰盖融化，那么物质从两极向海洋转移会对地球的轨道造成微妙的影响。[17]

或许，大众容易将这些项目视作噱头或愚蠢之举，但它们的目的是让人们以全新的方式看待自身在时间中的位置，随着时间的推移重新构建我们对自己的看法。这些项目甚至可以为跨世代管理方法的基础架构提供模板。目前，几乎所有的公共 /

私人实体的架构，都不允许进行耗时超出一个选举周期或几个财政年度的规划。全球财富日益集中在一小部分人的手中；这意味着，对世界上的大多数人来说，短期生存总是优先于筹划未来。基于超级富豪的财富建立起来的私人慈善基金会，确实有能力奢侈地以跨世代的时间尺度来考虑问题，并且能够开展可能需要投入数十年精力的慈善项目。这些私人慈善基金会的工作着实值得称赞，但也相当不民主；这表明，只有少数极其富有的人才能掌控未来。而其中的一些人对未来心存妄想。

越来越多的超级富豪正在投资兴建奢华的"气候掩体"（核掩体的 21 世纪版本）。一旦发生气候灾难，他们就可以在"气候掩体"中安享晚年；而其他人则要在外面应对炎热的天气、蚕食陆地的海洋和歉收的庄稼。[18] 其中，许多人是硅谷的亿万富翁，他们的高科技公司似乎建立在对未来的乐观蓝图之上。也就是说，这些超级富豪一边把乐观的幻想推销给大众，一边悄悄地为末日做准备。此外，这些超级富豪中也有异想天开的木米主义者；他们自信地断言，当人类不得不放弃地球之时，将火星环境地球化的确可行 —— 甚至是人类在探索新疆域时自然而然的必经之路。该想法揭示了这些人极为扭曲的时间观念（对时间的疯癫理解）：不仅对地球和生命漫长的协同演化过程完全无知，而且还刻意否认人类作为一个物种的历史。几个世纪以来，我们人类何时执行过需要巨额支出却没有即时回报的建设性国际项目（除了摧毁原住民的文明）？人类怎么会奢望自己或许能够在一颗从未与之建立演化联系的行星上繁荣发展？要知道，甚至在古老、友好、环境适宜的地球上，我们都还没学会如何

170

171

互相照顾。

经济学谱的另一端，则是来自美国原住民部落的长远领导模式。他们凭借文化理论家杰拉尔德·维泽诺尔（Gerald Vizenor）所称的"生存力"（survivance）成功地坚持了下来，尽管几个世纪以来，他们经历了种族屠杀、违约之苦与极度的贫困。维泽诺尔是明尼苏达州怀特厄斯印第安人居留地（White Earth Indian Reservation）奥吉布瓦人（Ojibwe）的注册成员。于他而言，"生存力是故事的延续……演替的可继承的权利"这一观念根植于代代相传的对小片保留地（有限的世界）的深切依恋之中。[19]"生存力"珍视耐力胜于征服；珍视克制胜于消耗；珍视可持续性胜于新奇性。它固执、讽刺、自嘲，对大自然的仁慈与反复无常，以及人性中的至善和至恶，都有清晰的认识。

近年来，许多美国原住民部落成为环境管理（environmental stewardship）的领导者。他们收集长期的数据集，组织基层抗议活动，并对威胁公共水域的矿山和管道发起法律挑战。威斯康星州、明尼苏达州和密歇根州的原住民部落将他们的资源集中在了五大湖印第安鱼类和野生动物委员会（Great Lakes Indian Fish and Wildlife Commission，简称 GLIFWC 或 "Glifwick"）。该委员会为活动中心，同时帮助非本地的环保组织协调法律行动、公共教育和保育措施。[20]由于州长宣布"威斯康星州面向商业活动开放"，而且州立法机构在短短几个月内就大改了实行四十载的基于科学理论的环境法，GLIFWC 决定用公共信托原则（Public Trust Doctrine）发声。该原则规定，政府有义务为了集体的利益保护湖泊与河流。这是一个深刻且悲剧性的讽刺：在被美国政府粗暴对待了多年之后，这些原住民部落反而在许多方面展现了真正的爱国情怀，致力于拯救美国。

将来时

172

当我们展望未来的地质环境时，会出现一个悖论：在某种程度上，遥远的事物反而比近在眼前的事物更加清晰。作为 G 型星①，太阳已经度过了预期寿命的近一半，它将在约 50 亿年内进入红巨星阶段，吞噬地球等带内行星。然而，在进入该阶段之前的 30 亿年间，太阳不断增加的光度将导致地球的海洋蒸发，进而引发极端的温室效应。一旦地球上的水分散失到宇宙空间中，碳-硅酸盐风化系统（在地质历史上封存了火山释放的二氧化碳）就会关闭，形成更加严峻的温室状态；这可能会导致距今 20 亿年的地表环境变得令所有生命都无法忍受。[21] 地球的构造系统（其属性与水的存在密切相关）也将发生翻天覆地的变化。在地表水消失后，被俯冲板块带入地幔的海水，将使岛弧火山作用持续数亿年。然而，如果没有海水的冷却效应，洋壳将在更长的时间内维持更炙热、浮力更大的状态，从而抑制俯冲作用并改变板块构造运动的速度。

至少在未来 10 亿年左右的时间里，板块构造运动会继续将大陆运送到全球各地的新位置上。大西洋将开始闭合，大约 2.5 亿

---

① G 型星是光谱型为 G 的恒星。光谱特征为电离钙的 H 和 K 线特强，金属元素谱线丰富，并且出现 CH 和 CN 分子带。——编者注

年后，美洲会与欧洲和亚洲重新合并成为一个全新的超级大陆——地球物理学家克里斯托弗·斯科泰塞（Christopher Scotese）已将其命名为"终极泛大陆"（Pangaea Ultima）[22]。与此同时，河流会夷平喜马拉雅山脉、阿尔卑斯山脉和落基山脉。

173　　约 8 万年内，地球将在米兰科维奇旋回中到达可能出现另一个冰期的节点，不过这取决于温室气体的浓度、大洋环流、生物圈的状态等诸多变量。而未来 1 000 年内（相当于维京时代到现在的时间跨度）的事态更加难以明辨。如果人类的碳排放量没有受到严格的控制，并且气候系统中强大的正反馈被激活，那么地球可能会重演古新世－始新世极热事件。海平面将上升数米至数十米，淹没许多人口极为稠密的海滨城市。天气模式的改变（更猛烈的风暴、更持久且更严重的干旱）会给全球粮食的生产带来压力。各地政府将不得不用占比越来越高的预算来管理危机。地缘政治力量的平衡，将根据各国在新气候管理制度中的表现而转变。

　　不过，这一切都不是既定的。我们有能力为下一个千禧年书写一段截然不同的传奇。与其陷入存在主义绝望，认为人类将在 10 亿年间灭绝，不如至少在未来的几个世纪里重新开始。

时空乌托邦

　　在这些黑暗的时代里，想象一下对时间认知准确的社会是何种面貌，能够赋予人们力量（至少可以治愈人心）。库尔特·冯内古特（Kurt Vonnegut）在最后一次公开采访中说道：
"告诉你吧……从来没有哪届内阁设立过未来部部长（Secretary
of the Future）一职，也从未为我们的孙辈与曾孙辈制订过规
划。"[23] 让我们采用冯内古特的建议作为第一项提案：在总统的
首席顾问团队中，为尚未出生的人们的代表保留一席。未来部
将着手调整社会各个方面的优先事项。节约资源将再次成为核
心价值观和爱国美德。税收激励和补贴将被重新权衡，以奖励
眼光长远的环境管理措施，而非短期的开发。给碳定价可能有
助于控制我们对化石燃料的依赖，进而觉醒；让我们为非人为
的自然灾害做好准备（比如下个世纪将发生的数百次大地震），
而不是把资源浪费在人为制造的气候灾难上。

174

　　贫困和阶级所造成的机会不平等现象，将被视作深远的历
史遗留问题；如果未来我们没有在相应的时间尺度上持续投入
精力，这些问题就无法得到解决。公立学校教师及工作内容代
表着对未来投资的人，将获得丰厚的报酬并得到充分的尊重。
地质学将完全融入科学课程，或许可以作为一门"顶点课程"
（capstone course）[①]，让学生能够将物理、化学和生物学的概念
应用于极其复杂的地球系统。由于学生对地球的运作方式形成
了深刻的理解，其将成为受过良好教育的选民，进而要求公职
人员恪尽职守且明智地治理水域、土地和空气。拥护"七世代"
原则的立法者、州长和市长，会自豪地指出他们正在努力的方
向，并被心存感激的选民再次选为领导者。

---

① 顶点课程是为高校的高年级学生（尤其是临近毕业的学生）开设的一种综合性
课程，让学生学会整合并利用所学领域的知识，同时培养相关技能。——译者注

更普遍地说，学校将有助于培养孩子对历史和自然史的知识和兴趣，循循善诱地让其感知到自身在时间中的位置，以及想要探索大千世界的强烈求知欲。地质历史的戏剧性叙事，完美符合人类喜欢听故事的欲望。一项值得注意的心理学研究显示，对"演化"这一概念的抵制心理，更多的是出于对存在的恐惧，而不是宗教教义；而且，随着人们对自然世界的历史愈发熟悉，这种抵制会减少。[24]一系列对照实验表明，用"死亡"施压，会使许多人（来自各种宗教信仰）更有可能对创造论者的"智慧设计"（intelligent design）信条抱有好感；该信条可能会在人们面对心理威胁时给予慰藉。不过，研究人员也发现，同样一群人在阅读了有关自然史的非技术性短文后，不太容易受到反演化论的影响，并且似乎在科学论述中找到了类似的安慰。正如达尔文在《物种起源》的结尾处动情地写道：

> 从这种视角来看，生命无比壮丽，它所拥有的诸多力量最初仅被注入了几种或一种生命形式之中；虽然这颗星球按照恒定的万有引力定律循环运作，而且生命的起点是如此简单，但最美丽、最奇妙的形式已然生生不息，并且仍在演化。

人类这种生物始终是壮丽生命的一部分；我们只是一直在用"置身事外"的想法自我折磨。

1973年，遗传学家特奥多修斯·多布詹斯基（Theodosius Dobzhansky）被试图影响生物学教科书内容的"科学创造论者"

（scientific creationist）激怒，写下了经典的论文，名曰《脱离了演化，生物学的一切将毫无意义》（"Nothing in Biology Makes Sense Except in the Light of Evolution"）。[25] 该标题已经为一代又一代的自然科学学子指明了方向。到了 20 世纪 90 年代，理查德·道金斯（Richard Dawkins）、苏珊·布莱克莫尔（Susan Blackmore）等受大众喜爱的作家，以"普适达尔文主义"（Universal Darwinism）观点扩展了演化思维的适用范围，引入了**模因**（meme）的概念，作为**基因**在文化领域中的等价物（尽管该术语如今已"发展"/"演化"为猫咪视频和表情包的代称）。理论物理学家李·斯莫林（Lee Smolin）甚至更进一步，认为演化是"宇宙通用"的，他假设自然选择同样作用于一群宇宙先驱。这或许解释了为何基本物理参数的值不可思议地互相匹配，它们让宇宙稳定地存在了数十亿年。因此，物理"常量"，如生物体的适应性状，可能会随着时间的推移而演化。[26] 虽然斯莫林的想法并未被宇宙学界普遍（可以这么说）接受，但看到达尔文的思想进入了曾经排除时间性（temporality）的领域，还是十分精彩的。

在科学家的眼中，自然界的一切都由连续不断的演化线程相连。然而，人类使用的技术及交换的文化模因，越来越让各个世代彼此隔绝。我们几乎没有哪个体系能够使处于人生各个阶段的人们会聚在一起，共同体验人类社群的一体感——西格蒙德·弗洛伊德（Sigmund Freud）称之为"海洋感觉"（oceanic feeling）[27]，哲学家和宗教理论家埃米尔·涂尔干（Emile Durkheim）则称之为"集体欢腾"（collective effervescence）[28]。

176

我们需要空间：从幼年起，孩子就会看到，自己正走在一条古老、神圣且跨越时间的道路上，生命的丰富性来自普适的发展过程（演化），成长与变老是值得庆祝的，而不是令人畏惧的。虽然宗教组织在传统上扮演了这个角色，但我们必须慎重地寻找新的场所来建立"跨世代公地"，例如合唱团、社区花园、烹饪学校、口述历史项目、观鸟团体、鲟鱼捕捞俱乐部等。

　　在我本人的职业生涯中，出于对地质学的共同热爱，我与来自不同国家与文化的前辈与后辈建立了深厚的友谊。我们一同抓耳挠腮地研究古怪的岩石，感叹绝色美景，挽臂涉入湍急的溪流，分享在小小的野营炉灶上烹制而成的可疑"大杂烩"。有趣的是，其他领域的杰出科学家往往在 20 多岁时做出最具突破性的学术贡献，但地质学家"大器晚成"——通常会在自身职业生涯的后期，也就是与岩石共度了大半生之后，才进行最为重要的科研工作。

　　地质学这门学科的演变过程与此相似。维多利亚时代的关于地球的极简观念（如恪守均变论教条、坚信大陆的位置固定不变、对集群灭绝的否认）已经被更微妙且更谦逊的认知（地球具有多种节奏与面貌，同时诡秘莫测）所取代。于我而言，地质学指出了一条折中之道，其介于人类对自身重要性的自恋式骄傲，与人类对自身的渺小所萌生的存在主义绝望之间。地质学肯定了 18 世纪波兰拉比[①]西姆哈·布尼姆（Simcha Bunim）的教诲，即我们每个人都应该在口袋里放两张纸条：一张写着

[①]　拉比是指犹太教内负责执行教规、律法并主持宗教仪式的人。——译者注

"我乃尘与土"，另一张写着"世界为我而造"。

　　拥有漫长历史的地球本身，是所有生物共有的遗产与导师。它或许能够帮助我们找到一套共同的价值观。研究地球的过往可能会让人类重新意识到，我们是一颗极其神秘的星球上的同胞，而我们亟须更深入地了解它。在未来部部长的领导下，我们可以学会如何依据地球的节奏来调整自身的步伐，废除人类世，使地球恢复"均变"的状态。

充实的垂向时间

　　与许多在过去半个世纪中经历过童年或为人父母的人一样，我也喜爱莫里斯·桑达克（Maurice Sendak）的经典著作《野兽国》（*Where the Wild Things Are*）；这是一部关于想象力的寓言，我们可以通过想象力进入另一个世界，穿越时间，将自己从最糟糕的状态中解救出来。在教授"地球与生命史"时，我想起了主人公马克斯的旅程。这门课程有一个大胆的目标，那就是用一个学期的时间讲述地球 45 亿年的历史（每周要展示 4 亿年左右的缩影）。在此期间，我与学生好似共同踏上了一段漫长的旅途：我们勘探了如同外星球的地貌景观，观察了大陆的漂移过程，见证了生物地球化学革命、小行星撞击、冰期更替与集群灭绝，惊叹于野生生物的多样性，最后终于瞥见了看起来与如今的家园相似的风景。就像马克斯房里的藤蔓逐渐脱落，显露出了他的床和桌子。

　　我们满怀精疲力竭的兴奋感回到现在（如果我把握好讲课的节奏），并铭记住了，这个世界实则包含众多早先的世界，它们依然以某种方式与我们同在：在我们脚下的岩石中、在我们呼吸的空气中，以及在我们体内的每一个细胞当中。事实上，地质学是最接近时间旅行的学科。从"现在"这一有利位置，人类能够以任何速度"重播"过往的片段，并且想象可能的未来。这种地质思维（垂向时间的实践）融合了命运观（wyrd）和 sankofa（感知过去的存在）、念（sati，持有当下的记忆），以及七世代思想（一种对未来的"乡愁"）。地质学的视角与父母看待成长中的孩子的视角相似，既对孩子小时候的情景记忆犹新，又对孩子将成为何种人抱有愿景。

　　如果"时间无处不在"的概念能够普及，那么这种态度可以改变我们与自然、人类同胞和自身之间的关系。认识到"人类个体与文化的历史始终从属于更宏大、更悠久（仍在流逝）的地球历史"这一事实，可能会让我们在面对环境问题时不再狂妄自大。我们可以学着不那么重视新奇性和破坏性，而是培养对持久力和适应力的尊重。了解历史上的偶然事件是如何被写入我们每个人的生活的，可能会让我们以更多的同理心善待彼此。通过将人类的注意力从生命的有限长度上转移到一生承载的丰富经历上，这种"时间无处不在的"、多时相的世界观，甚至能够使我们对自己终将一死的事实稍许释然。虽然我们的感官可能会随着年龄的增长而变得迟钝，但感知时间的能力（只能通过经验来发展）却会提高。了解事物如何演变成现今的模样，哪些事物业已消亡，而哪些事物得以长存，能够让我们更容易地认识到短暂与永恒之间的区别。随着年岁渐长，我们需要破除世界只有一种面貌的错觉。

在绝大多数的时间里，科技社会与自然界保持着一定的距离。面对地球时，作为科技社会成员的我们，表现得像孤独症患者。我们的处事方式十分僵化，对某些狭隘的领域无所不晓，却在其他方面机能失调。这是因为人类错误地将自身与自然界割裂开来；坚信自然界游离于人类社会之外，沉默不言且恒久不变，我们无法与之共情或交流。

然而，地球一直在对我们私语。每一块岩石，都揭示了永恒的真理或质朴的经验法则；每一片叶子，都是发电站的雏形；每一个生态系统，都拥有运作良好的经济范本。正如奥尔多·利奥波德所言，我们需要开始"像山脉一样思考"，探索这颗古老、复杂、不断演化的星球，深入认知它的所有习性与居住于其中的生灵。

后 记

　　密歇根州的木材与矿业巨头约翰·芒罗·朗伊尔（John Munro Longyear），以该州上半岛（Upper Peninsula）的元古宙条带状含铁建造发家。1905 年，他正在挪威北部的一处偏远地区进行勘探，筹划开发一片新的铁矿区。不过，他需要煤来冶铁，而斯瓦尔巴群岛恰好孕育了距离矿区最近的煤田——留存在极地岛屿上的远古热带雨林的遗迹。他从特隆赫姆（Trondheim）的一家小公司手中买下了采矿权，成立了北极煤炭公司（Arctic Coal Company），并建造了朗伊尔城（Longyearbyen）——有些像位于极北之地（Far North）的蛮荒西部（Wild West）。（不熟悉此城名字来源的人开玩笑说，"长年"① 是指在那片不毛之地上生活可谓"度日如年"。）当朗伊尔发现大陆上的铁矿石不值得开采时，斯瓦尔巴群岛的煤矿重新归挪威所有，并持续开放了 100 多年。如今，深入朗伊尔城上方山体的一部分长平硐和隧道，已经被改造成了世界上最大的种子库之一（见图 12）。

　　斯瓦尔巴全球种子库（Svalbard Global Seed Vault）如同一座展示着基因多样性的图书馆，保存了过往主要作物品种的种

---

① 英文 Longyear 直译为"长年"。——译者注

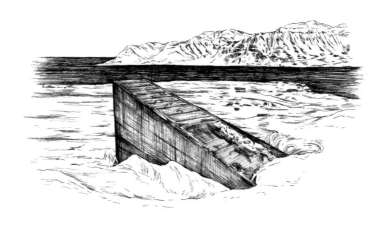

图 12　斯瓦尔巴全球种子库

系；当出现新型疾病或需要迅速适应环境变化时，这些种系也许能派上用场。如果发生农业歉收灾害，那么位于北极的这座冰封岩岑可能会成为世界粮仓。种子被封存在设备齐全的箱子中，即使休眠了几十年，也能够"穿越时空"复苏。因此，在没有官方时间的斯瓦尔巴群岛上，一处废弃的矿井已经成为通往未来的大门。

全新世的"雪假"已然结束，"明日"我们又会回归人类世。我们都沉浸在幻想里，认为人类可以继续置身于自私自利又漫不经心的游戏之中；似乎只要我们选择回家，晚餐便会就位，而且一切都不会改变。然而，没有人在家中照顾我们。如今，人类必须成长，独立寻找未来的方向，尽我们所能地解读"昔日地图集"，以弥补流逝的那么多时间。

附　录

附录I　地质年代简表 *

宙	代	纪	起始时间/百万年前	重大地质事件
显生宙	新生代	第四纪	3	人类历史（全新世—10 000 年前） 冰期（更新世）
		新近纪	23	古新世–始新世极热事件（5 500 万年前） 哺乳动物分化 巨型鸟类
		古近纪	65	
	中生代	白垩纪	140	恐龙灭绝 大西洋扩张 开花植物首次出现
		侏罗纪	200	集群灭绝
		三叠纪	250	爬行动物的时代开启
	古生代	二叠纪	290	地球历史上规模最大的集群灭绝 泛大陆形成
		石炭纪	355	煤沼广泛分布 集群灭绝
		泥盆纪	420	两栖动物首次出现
		志留纪	440	珊瑚礁广泛分布 集群灭绝
		奥陶纪	508	陆生植物首次出现 鱼类首次出现
		寒武纪	541	现代动物门诞生

宙	代	纪	起始时间 /百万年前	重大地质事件
前寒武纪	元古宙	新元古代		565	埃迪卡拉动物群
			800	雪球地球
		中元古代		"无聊的10亿年"：气候与地球化学性质特别稳定的时期
			1 600	巴拉布山脉形成（威斯康星州）
		古元古代	2 100	随着氧气在大气层中聚集，条带状含铁
			2 500	建造沉淀下来
	太古宙	新太古代		现代板块构造运动（俯冲作用）
			2 800	威斯康星州最古老的岩石
		中太古代	3 200	
		古太古代		美国最古老的岩石（明尼苏达州）
			3 600	最古老的生命迹象（格陵兰岛）
		始太古代	4 000	地球上最古老的岩石
	冥古宙		4 500	地球上没有这一时期的岩石；目前，研究结果出自陨石、月岩和澳大利亚的锆石晶体

注：各地质年代的间隔大小未按照持续时间的比例绘出。

* 参照2023年国际地层委员会《国际年代地层表》，本表数据较原书略有改动。——编者注

附录II 地质现象的持续时间与速率

A. 寿命

实体	预期寿命 / 年	制约过程	相关章节
太阳系	100 亿	太阳进入红巨星阶段，吞噬行星	六
地球宜居期总时长	约 55 亿（还剩下 17 亿左右）	始于 38 亿年前的重陨石轰击末期；将于太阳变得极为炙热，使地球表面的水分蒸发殆尽时结束	四、六
大陆地盾	高达 40 亿	侵蚀作用	四
大洋盆地	1.7 亿	温度低、密度大的洋壳俯冲到地幔之中	三
造山带（地形）[1]	5 000 万~1 亿	构造运动与侵蚀作用的相对速率	三
典型的海洋无脊椎动物物种	化石记录[2]：1 000 万 现存物种[3]：10 万	海平面变化；气候变化 气候变化；海洋酸化与缺氧	五
典型的陆地脊椎动物物种	化石记录：100 万 现存物种：1 万	气候变化 气候变化；过度狩猎；生境破坏	五

注：1. 在地形起伏不大的地区，深受侵蚀的造山带根部能够多留存数十亿年。

2. May, R., Lawton, J. and Stork, N., 1995. Assessing extinction rates. In Lawton, J., and May, R. (ed.), *Extinction Rates*. Oxford: Oxford University Press, Oxford, pp. 1-24.

3. Pimm, S., et al., 1995. The future of biodiversity. *Science*, 269, 347-350.

B. 滞留时间与混合时间

在地球化学中，**滞留时间**一般是指特定物质在某一地点或**储存体**中停留的时长。**混合时间**则是特定物质在储存体中达到均匀分布所需的时长。如果滞留时间大于混合时间，那么该物质在储存体中混合良好，浓度均一（例如，海洋中的盐，大气层中的碳）。如果滞留时间小于混合时间，那么该物质在储存体中未能充分混合，浓度不均一（例如，海洋中的碳）。

	代表值	相关章节
滞留时间		
水分 [4] 的位置：		二、三、六
大气层	9 天	
土壤	1～2 月	
河流	2～6 月	
湖泊	1～200 年	
地下水		
浅层	10～100 年	
深层	100～10 000 年	
大洋	1 000 年	
冰川	100～800 000 年	
地幔	数百万年	
碳 [5] 的位置：		五
大气层–大洋系统	100～1 000 年	
土壤	25 年	
陆地植物	5～10 年	
石灰岩	1 000 万年	
海盐（钠离子）	7 000 万年	三
混合时间		
全球大洋	约 1 500 年	二
对流层（大气的最下层）	1 年	五

注：4. University Corporation for Atmospheric Research, Center for Science Education, 2011. *The Water Cycle*. https://scied.ucar.edu/longcontent/water-cycle.

　　5. Kump, L., Kasting, J., and Crane, R., 1999. *The Earth System*. Englewood Cliffs, NJ: Prentice-Hall. pp. 134, 146.

C. 地质变化的速度与速率

	地质史上平均速率	人类世速率	相关章节
板块运动			
背景速率	1~10 厘米 / 年	相同	三
地震期间	1 米 / 秒		三
造山带中岩层抬升	0.1~0.5 厘米 / 年	相同	三
由侵蚀作用或冰川消退造成的地壳均衡回弹	最高为 1 厘米 / 年	相同	三
因开采石油、天然气或地下水而引发的地面沉降	—	最高为 2 厘米 / 年	三
侵蚀作用	0.1 毫米 / 年（因地势和气候而异）	约 1 毫米 / 年 [6]	三、五
海平面上升	全新世平均速率（近 10 000 年）：0.1 毫米 / 年	自 1900 年以来：1.7 毫米 / 年 [7] 自 1990 年以来：约 3 毫米 / 年 2100 年预计：14 毫米 / 年 [8]	五、六
CO_2 排放（亿吨碳）[9]	火山排放：2 亿吨 / 年	人为排放：100 亿吨 / 年	五
大气层中 CO_2 浓度的增加	自末次冰盛期（18 000 年前）以来：0.006 ppm/ 年	自 1800 年以来：0.5 ppm/ 年 自 1960 年以来：1.5 ppm/ 年 自 2000 年以来：2.0 ppm/ 年	五

注：6. Wilkinson, B., 2005. Humans as geologic agents. *Geology*, 33, 161-164. doi:10.1130/G21108.1.

　　7. Church, J., and White, N., 2011. Sea level rise from the late 19th to early 21st century. *Surveys in Geophysics*, 32, 585-602. doi:10.1007/s10712-011-9119-1.

　　8. US Global Change Research Program, 2014. *Third National Climate Assessment*. http://www.globalchange.gov/nca3-downloads-materials.

　　9. Gerlach, T., 2011. Volcanic vs. anthropogenic carbon dioxide. *EOS*, 92, 201-208. doi:10.1029/2011EO240001.

D. 地质循环与重现期

	周期	相关章节
超大陆旋回（威尔逊旋回）： 大陆聚合与分离之间的时间	约 5 亿年	三
米兰科维奇旋回		
偏心率	9.6 万年与 41.3 万年	五
倾斜度	4.1 万年	
岁差	2.3 万年	
丹斯高 - 厄施格旋回： （更新世期间与大洋环流相关的 降温 / 升温过程）	1 500 年	五
厄尔尼诺 - 南方涛动（ENSO）： 太平洋暖水团所在之处的半周期性 交替现象；影响全球天气	3～5 年	五
马登 - 朱利安振荡：印度洋与太平洋 上空的气团反复向东移动；控制 印度洋与太平洋附近陆地的降雨	1～3 月	五
地球自转周期		四
现代	24 小时	
泥盆纪	22 小时	
太古宙	18 小时	
黄石公园超级火山喷发的重现期 （上一次喷发为 64 万年前）	约 70 万年	二、三
卡斯凯迪亚俯冲带处 9 级地震的 重现期 （上一次地震发生于 1700 年）	200～800 年	三
全球地震重现期（长期平均值）		三
9 级	10 年	
8 级	1 年	
7 级	1 月	
6 级	1 周	

附录 III 地球历史上的环境危机：起因与后果

事件[1]	灭绝严重度[2]	碳循环扰动：火山作用/构造运动	碳循环扰动：生物碳（Δδ¹³C）[3]	气候变化	海平面	海洋酸化	海洋缺氧	臭氧层破坏	后果/余波
雪球地球 750—570 Ma	未知，可能严重	初始冷却：固存的碳量 > 火山排放的碳量	可能因甲烷水合物的释放而终结（Δδ¹³C=10）[4]	极冷—极热	极低—高				埃迪卡拉动物群，寒武纪大爆发
奥陶纪末集群灭绝（#2）440 Ma	57%的属 86%的种		可能存在某种类型的碳循环扰动，但未充分地遏制	突然出现冰期，而后迅速升温	高—高		是		寒武纪生物（如三叶虫）大幅度减少
晚泥盆世集群灭绝（#4）365 Ma	35%的属 75%的种		生物碳的埋藏量 > 分解量（Δδ¹³C=约+4）[5]	突然降温	高—低		是		海洋滤食动物多样化
二叠纪末集群灭绝（#1）250 Ma	56%的属 95%的种	西伯利亚暗色岩（溢流玄武岩）	甲烷水合物和/或燃烧的煤层（Δδ¹³C=-8）[6]	寒冷—极热	低—高	是	是	是（由火山喷出的气体导致）	生态系统永久重组；低氧环境持续了100多万年
三叠纪末集群灭绝（#3）200 Ma	47%的属 80%的种	中大西洋溢流玄武岩	（Δδ¹³C=-3）[7]	炎热干旱		是			恐龙多样化
白垩纪末集群灭绝（#4）65 Ma	40%的属 76%的种	陨石撞击使碳酸盐质的德干暗色岩释放CO₂	（Δδ¹³C=-1）	短暂的寒潮（灰分、SO₂），而后是漫长的暖期（CO₂）		是		可能——陨石撞击使得海水中的氯蒸发？	恐龙灭绝（除了鸟类）；哺乳动物多样化

事件[1]	灭绝严重度[2]	碳循环扰动: 火山作用/构造运动	碳循环扰动: 生物碳($\Delta\delta^{13}C$)[3]	气候变化	海平面	海洋酸化	海洋缺氧	臭氧层破坏	后果/余波
古新世—始新世极热世 55 Ma	深海有孔虫遭受重创	北大西洋溢流玄武岩	甲烷水合物和/或燃烧的煤层($\Delta\delta^{13}C=-3$)[8]	变暖的高峰	快速上升	是			冰消失; 主要陆地与深海的生态系统改变
人类世	灭绝率为背景率的100~1000多倍		化石燃料的燃烧($\Delta\delta^{13}C=-2$)[9]	快速变暖	快速上升	是	是	是	? ?

注:
1. 事件发生的时间以(距今)百万年(Ma)为单位。5次集群灭绝事件的严重度排名,已标注在括号内(#)。
2. 数值来自 Barnosky, A., et al., 2011. Has the sixth mass extinction already arrived? *Nature*, 471, 51-57. doi: 10.1038/nature09678。
3. $\Delta\delta^{13}C$值能够从背景值的角度来衡量海水中稳定碳同位素(^{13}C与^{12}C)的比例的变化。以此衡量碳循环被干扰的严重程度。$\delta^{13}C$(delta C-13),定义为 $[(^{13}C/^{12}C$方解石样本$-^{13}C/^{12}C$方解石标准$)/^{13}C/^{12}C$方解石标准$] \times 1000$。(使用1000作为系数,以便偏差值呈整数。)$^{13}C/^{12}C$的变量以千分数来衡量。$\delta^{13}C$(delta delta C-13)指$\delta^{13}C$值在某段时间内的变化。负值表明,释放的是生物源(通过光合作用固定的)碳;正值则表明,有机碳埋藏的和/或火山喷发的CO_2,多于生物排放的CO_2。
4. Snowballearth.org.
5. Buggish, W., and Joachimski, M., 2006. Carbon isotope stratigraphy of the Devonian of Central and Southern Europe, *Palaeogeography, Palaeoclimatology, Palaeoecology*, 240, 68-88.
6. Erwin, D. H., 1994. The Permo-Triassic extinction. *Nature*, 367, 231-236, doi: 10.1038/367231a0.
7. Schoene, B., et al., 2010. Correlating the end-Triassic mass extinction with flood basalt volcanism at the 100,000 year level. *Geology*, 38, 387-390. doi: 10.1130/G30683.1.
8. Tipple, B., et al., 2011. Coupled high-resolution marine and terrestrial records of carbon and hydrologic cycles variations during the Paleocene-Eocene Thermal Maximum (PETM). *Earth and Planetary Science Letters*, 311, 82-92. doi: 10.1016/j.epsl.2011.08.045.
9. Friedli, D., et al., 1986. Ice core record of the $^{13}C/^{12}C$ ratio of atmospheric CO_2 in the last two centuries. *Nature*, 324, 237-238.

第一章 垂向时间的意义

1. Descartes, R., 1641, translated by Michael Moriarty, 2008. *Meditations on First Philosophy, with Selections from the Objections and Replies*. Oxford: Oxford World's Classics, p. 16.

2. 霍尔丹曾经被问到何种证据能够让他放弃关于演化论的确凿理念，他给出的答案应该是"前寒武纪的兔子"。虽然这句名言经常被引用，但出处不明。

3. Barker, D., and Bearce, D., 2012. End-times theology, the shadow of the future, and public resistance to addressing climate change. *Political Research Quarterly*, 66, 267-279. doi: 0.1177/1065912912442243.

4. Baumol, W., and Bowen, W., 1966. *Performing Arts – The Economic Dilemma: A Study of Problems Common to Theater, Opera, Music, and Dance*. New York: Twentieth Century Fund, 582 pp.

5. 理论物理学家李·斯莫林（Lee Smolin）是少数反对该领域"驱逐时间"的人之一。见 Smolin, L., 2013, *Time Reborn*, Boston: Houghton Mifflin Harcourt, 352 pp.

6. 包括 Steven Levitt and Stephen Dubner in Chapter 5 of *Superfreakonomics: Global Cooling, Patriotic Prostitutes, and Why Suicide Bombers Should Buy Life Insurance*. 2010. New York: William Morrow, 320 pp。

第二章 时间地图集

1. McPhee, J., 1981. *Basin and Range*. New York: Farrar, Strauss and Giroux, p. 20.

2. 值得注意的是，一些非西方文化在近代科学出现之前已发展出了"深时"的观念。例如，印度教和佛教都包含"劫"（kalpa）的概念，这一梵语词汇指示着宇宙观层面的极长的时间——这段时间远比人类的经验和记忆长得多。亚伯拉罕传统（Abrahamic traditions）之外的文化可能也认为宇宙是古老的。然而，在现代地质思想的发源地欧洲，圣经教义长期以来一直是科学认知的阻碍。

3. 虽然这一数字并非地球的准确年龄，但它仍具有一定的意义。在被海洋飞沫或岩盐沉淀带离海水前，钠原子会在海水中停留一段时间，这段时间的平均值便是滞留时间。乔利得到的结果则接近钠原子滞留时间的现代估算值。其他地质"物资"的特有滞留时间请见附录Ⅱ。

4. Thomson, W., (Lord Kelvin) 1872. President's Address. *Report of the For-ty-First Meeting of the British Association for the Advancement of Science*, Edinburgh, pp. lxxiv-cv. Reprinted in Kelvin, 1894, *Popular Lectures and Addresses*, vol. 2. London: Macmillan, pp. 132-205.

5. 一份鲜活、可读性强的阿瑟·霍姆斯传记: Cherry Lewis, 2000, *The Dating Game: One Man's Search for the Age of the Earth*. Cambridge: Cambridge University Press。

6. 卢瑟福-索迪定律（Rutherford-Soddy law）用数学公式来描述放射性衰变的过程，即 $dP/dt = -\lambda P$。其中，P 代表任意给定时间母同位素的原子数，dP/dt 是衰变速率，而 λ 则是该同位素的衰变常数。半衰期 $t_{1/2}$ 与衰变常数之间的关系是 $t_{1/2} = \ln 2/\lambda$ 或 $0.693/\lambda$。在大约 10 个运算步骤内，我们可以从卢瑟福-索迪定律推导出年龄方程式（Age Equation），它表示矿物的年龄（结晶后经过的时间 t），作为子同位素 / 母同位素（D/P）和衰变常数（λ）的函数。简单来说：$t = 1/\lambda \left[\ln (D/P + 1) \right]$。

7. 国际地层委员会官网: https://stratigraphy.org。

8. 尼尔在参与曼哈顿计划之前与期间的音频采访资料请见: https://ahf.nuclearmuseum.org/voices/oral-histories/alfred-niers-interview-part-1。

9. 值得一提的是，苏联地球化学家 E. K. 格宁（E. K. Gerling）几乎同时进行了非常相似的运算，得出的地球年龄为 31 亿年。不过，他的研究成果直到很久之后才被西方科学界所知。参见 Dalrymple, G. B., 2001. The age of the Earth in the twentieth century: A problem (mostly) solved. In Lewis, C. and Knell, S., *The Age of the Earth from 4004 BC to AD 2002*. Geological Society of London Special Publication 190, 205-221。

10. Brush, S., 2001. Is the Earth too old? The impact of geochronology on cosmology, 1929-1952. In Lewis, C. and Knell, S., *The Age of the Earth from 4004 BC to AD 2002*. Geological Society of London Special Publication 190, 157-175.

11. Patterson, C., 1956. Age of meteorites and the Earth. *Geochimica et Cosmochimica Acta*, 10, 230-277. doi: 10.1016/0016-7037(56)90036-9.

12. Coleman, D., Mills, R., and Zimmerer, M., 2016. The pace of plutonism. *Elements*, 12, 97-102. doi: 10.2113/gselements.12.2.97.

13. Gebbie, G., and Huybers, P., 2012. The mean age of ocean waters inferred from radiocarbon observations: Sensitivity to surface sources and accounting for mixing histories. *Journal of Physical Oceanography*, 42, 291-305. doi: 10.1175/JPO-D-11-043.1.

14. Suess H., 1955. Radiocarbon concentration in modern wood. *Science*, 122, 415-417.

15. 关于亚平宁山脉地质概况的抒情描述，请见 Walter Alvarez, 2008. *In the Mountains of St Francis*. New York: WW Norton。

16. Genge, M., et al., 2016. An urban collection of modern-day large micrometeorites: Evidence for variations in the extraterrestrial dust flux through the Quaternary. *Geology*, 45, 119-121. doi: 10.1130/G38352.1.

17. Swisher et al., 1992. Coeval $^{40}Ar/^{39}Ar$ ages of 65.0 million years ago from Chicxulub Crater melt rock and Cretaceous-Tertiary boundary tektites, *Science*, 257, 954-958.

18. Wilde, S., Valley, J., Peck, W., and Graham, C., 2001. Evidence from detrital zircons for the existence of continental crust and oceans on the Earth 4.4 Gyr ago. *Nature*, 409, 175-178. doi: 10.1038/35051550.

195

第三章　地球的步伐

1. 2014 年 3 月，马来西亚航空公司的 370 航班在印度洋某处失踪。搜寻 370 航班残骸时的重重阻碍，凸显了海底地形详细信息的匮乏。2016 年，一个由地球物理学家组成的国际小组在澳大利亚以西约 1 600 千米处，沿着一条 160 千米宽、2 400 千米长的狭长地带进行了回声探测（echo sounding），发现了许多从前未知的断裂带、陡崖、滑坡和火山中心，但没有发现失踪飞机的踪迹。详情请参考 Picard, K., Brooke, B., and Coffin, M., 2017. Geological insights from Malaysia Airlines Flight MH370 search. *EOS, Transactions of the American Geophysical Union*, 98. https://doi.org/10.1029/2017EO069015。

2. 若想了解玛丽·撒普精彩纷呈的一生，请阅读 *Soundings: The Story of the Remarkable Women who Mapped the Ocean Floor*, by Hali Felt (2012). New York: Henry Holt, 368 pp。

3. Vine, F., and Matthews, D., 1963. Magnetic anomalies over mid-ocean ridges. *Nature*, 199, 947-950.

4. East Pacific Rise Study Group, 1981. Crustal processes of the mid-ocean ridge, *Science*, 213, 31-40.

5. 冈瓦纳古大陆包括印度、非洲、南美洲、澳大利亚和南极洲。19 世纪 80 年代，奥地利地质学家爱德华·苏斯（见后文）根据化石、岩层和南部陆块中的古老山脉的相似性，首次提出并命名了"冈瓦纳古大陆"这一概念。德国气象学家阿尔弗雷德·魏格纳在其于 1915 年发表的著作《海陆的起源》（*Origin of Continents and Oceans*）中引用了该名称。早在海底扩张现象被发现与板块构造理论发展前的半个世纪，这部著作就用强有力的证据提出了大陆漂移说。

6. Ruskin, J., 1860. *Modern Painters*, vol. 4: *Of Mountain Beauty*, pp. 196-197. 可通过古登堡计划获取：http://www.gutenberg.org/files/31623/31623-h/31623-h.htm。

7. Liang, S., et al., 2013. Three-dimensional velocity field of present-day crustal motion of the Tibetan Plateau derived from GPS measurements. *Jour-

nal of Geophysical Research: Solid Earth, 118, 5722-5732. doi: 10.1002/2013JB010503.

8. Van der Beek, P., et al., 2006. Late Miocene-Recent exhumation of the central Himalaya and recycling in the foreland basin assessed by apatite fission-track thermochronology of Siwalik sediments, Nepal. *Basin Research*, 18, 413-434.

9. Clift, P. D., et al., 2001. Development of the Indus Fan and its significance for the erosional history of the Western Himalaya and Karakoram. *Geological Society of America Bulletin*, 113, 1039-1051.

10. Einsele, G., Ratschbacher, L., and Wetzel, A., 1996. The Himalaya-Bengal fan denudation-accumulation system during the past 20 Ma. *Journal of Geology*, 104, 163-184. doi: 10.1086/629812.

11. Curray, J., 1994. Sediment volume and mass beneath the Bay of Bengal. *Earth and Planetary Science Letters*, 125, 371-383.

12. 依据青藏高原约 260 万平方千米的面积和 4 500 米的平均海拔。

13. Seong, Y., et al., 2008. Rates of fluvial bedrock incision within an actively uplifting orogen: Central Karakoram Mountains, northern Pakistan, *Geomorphology*, 97, 274 286. doi: 10.1016/j.geomorph.2007.08.011.

14. Davies, N., and Gibling M., 2010. Cambrian to Devonian evolution of alluvial systems: The sedimentological impact of the earliest land plants. *Earth Science Reviews*, 98, 171-200. doi: 10.1016/ j.earscirev.2009.11.002.

15. Brown, A. G., et al., 2013. The Anthropocene: Is there a geomorphological case? *Earth Surface Processes and Landforms*, 38, 431-434. doi. 10.1002/esp.3368.

16. Lim, J., and Marshall, C., 2017. The true tempo of evolutionary radiation and decline revealed on the Hawaiian archipelago. *Nature*, 543, 710-713. doi: 10.1038/nature21675.

17. 关于地形、气候与侵蚀作用之间诸多反馈机制的研究，请见 Brandon, M., and Pinter, N., How erosion builds mountains, *Scientific American*, July 2005。

196

18. 在瑞典中部地区，冰期过后地壳均衡回弹的速率约为每年 0.6 厘米。该速度之快，足以使维京时代的海港定居点移动到现今的内陆湖上。瑞典的邻国芬兰制定了相关法律，规定谁拥有从海里冒出的滨海新生地；然而，如果海平面上升的速度超过地壳均衡抬升的速度，这些法律可能就不具备实际意义了。

19. Champagnac, J., et al., 2009. Erosion-driven uplift of the modern Central Alps. *Tectonophysics*, 474, 236-249. doi: 10.1016/j.tecto.2009.02.024.

20. Darwin, C., 1839. *Voyage of the Beagle*, chap. 14.

21. Stein, S., and Okal, E., 2005. Speed and size of the Sumatra earthquake. *Nature*, 434, 581-582. doi: 10.1038/434581a.

22. Ben-Naim, E., Daub, E., and Johnson, P., 2013. Recurrence statistics of great earthquakes. *Geophysical Research Letters*, 40, 3021-3025, doi: 10.1002/grl.50605.

23. Houston, H., et al., 2011. Rapid tremor reversals in Cascadia generated by a weakened plate interface. *Nature Geoscience*, 4, 404-408. doi: 10.1038/NGEO1157.

24. Brudzinksi, M., and Allen, R., 2007. Segmentation in episodic tremor and slip all along Cascadia. *Geology*, 35, 907-910. doi: 10.1130/G23740A.1.

25. Yamashita, Y., et al., 2015. Migrating tremor off southern Kyushu as evidence for slow slip of a shallow subduction interface. *Science*, 348, 676-679. doi: 10.1126/science.aaa4242.

26. Booth, A., Roering, J., and Rempel, A., 2013. Topographic signatures and a general transport law for deep-seated landslides in a landscape evolution model. *Journal of Geophysical Research: Earth Surface*, 118, 603-624. doi: 10.1002/jgrf.20051.

27. Parker, R., et al., 2011. Mass wasting triggered by the 2008 Wenchuan earthquake is greater than orogenic growth. *Nature Geoscience*, 4, 449-452.

28. Ramalho, R., et al., 2015. Hazard potential of volcanic flank collapses raised by new megatsunami evidence. *Science Advances*, 1, e1500456. doi: 10.1126/

sciadv.1500456.

29. Aranov, E., and Anders, M., 2005. Hot water: A solution to the Heart Mountain detachment problem? *Geology*, 34, 165-168. doi: 10.1130/G22027.1; Craddock, J., Geary, J. and Malone, D., 2012. Vertical injectites of detachment carbonate ultracataclasite at White Mountain, Heart Mountain detachment, Wyoming. *Geology*, 41, 463-466. doi: 10.1130/G32734.1.

30. Ross, M., McGlynn, B., and Bernhardt, E., 2016. Deep impact: Effects of mountain top mining on surface topography, bedrock structure and downstream waters. *Environmental Science and Technology*, 50, 2064-2074. doi: 10.1021/acs.est.5b04532.

31. Wilkinson, B., 2005. Humans as geologic agents: A deep-time perspective. *Geology*, 33, 161-164. doi: 10.1130/G21108.1.

32. Hurst, M., et al., 2016. Recent acceleration in coastal cliff retreat rates on the south coast of Great Britain. *Proceedings of the National Academy of Sciences*, 113, 13336-13341, doi: 10.1073/pnas.1613044113.

33. Stanley, J.-D., and Clemente, P., 2017. Increased land subsidence and sea-level rise are submerging Egypt's Nile Delta coastal margin. *GSA Today*, 27, 4-11. doi: 10.1130/GSATG312A.1.

34. Morton, R., Bernier, J., and Barras, J., 2006. Evidence of regional subsidence and associated interior wetland loss induced by hygrocarbon production, Gulf Coast region, USA. *Environmental Geology*, 50, 261-274.

35. 根据美国地质调查局（U.S. Geological Survey）的一份报告，2017 年俄克拉何马州的人为地震风险与加利福尼亚州的天然地震风险相当：Peterson, M., et al., 2017. One-year seismic-hazard risk forecast for the central and eastern Unites States from induced and natural earthquakes. *Seismological Research Letters*, 88, 772-783. doi: 10.1785/0220170005。

第四章　大气层的变化

1. Marchis, S., et al., 2016. Widespread mixing and burial of Earth's Hadean

crust by asteroid impacts. *Nature*, 511, 578-582. doi:10.1038/nature13539.

2. Williams, G., 2000. Geological constraints on the Precambrian history of Earth's rotation and the Moon's orbit. *Reviews of Geophysics*, 38, 37-59. doi:10.1029/1999RG900016.

3. Sagan, C., and Mullen, G., 1972. Earth and Mars: Evolution of atmospheres and surface temperatures. *Science*, 177, 52-56.

4. Mojzsis, S. J., et al., 1996. Evidence for life on Earth before 3800 million years ago. *Nature*, 384, 55-59. doi:10.1038/384055a0.

5. van Zuilen, M., Lepland, A., and Arrhenius, G, 2002. Reassessing the evidence for the earliest traces of life. *Nature*, 418, 627-630. doi:10.1038/nature00934.

6. Whitehouse, M., Myers, J., and Fedo, C., 2009. The Akilia Controversy: Field, structural and geochronological evidence questions interpretations of >3.8 Ga life in SW Greenland. *Journal of the Geological Society*, 166, 335-348. doi:10.1144/0016-76492008-070.

7. Westall, F., and Folk, R., 2003. Exogenous carbonaceous microstructures in Early Archean cherts and BIFs from the Isua Greenstone Belt: Implications for the search for life in ancient rocks. *Precambrian Research* 126, 313-330.

8. Van Kranendonk, M., Philippot, P., Lepot, K., Bodorkos, S. & Pirajno, F., 2008. Geological setting of Earth's oldest fossils in the c. 3.5 Ga Dresser Formation, Pilbara craton. Western Australia. *Precambrian Research* 167, 93-124.

9. Nutman, A., Bennett, V., Friend, C., Van Kranendonk, M., and Chivas, A., 2016. *Nature*, 537 http://dx.doi.org/10.1038/nature19355.

10. Watson, Traci. 3.7 billion year old fossil makes life on Mars less of a long shot, USA Today, 31 August 2016. https://www.usatoday.com/story/news/2016/08/31/37-billion-year-old-fossil-makes-life-mars-less-long-shot/89647646/.

11. Zerkle, A., et al., 2017. Onset of the aerobic nitrogen cycle during the Great

198

Oxidation Event. *Nature*, doi:10.1038/nature20826.

12. Kump, L. and Barley, M., 2007. Increased subaerial volcanism and the rise of oxygen 2.5 billion years ago. *Nature*, 448, 1033-1036. doi:10.1038/nature06058.

13. Johnson, T., et al., 2014. Delamination and recycling of Archean crust caused by gravity instabilities. *Nature Geoscience*, 7, 47-52. doi:10.1038/ngeo2019.

14. Lyons, T., Reinhard, C., and Planavsky, N., 2014. The rise of oxygen in Earth's early ocean and atmosphere. *Nature*, 307, 506-511. doi:10.1038/nature13068.

15. Planavsky, N., et al., 2014. Low mid-Proterozoic atmospheric oxygen levels and the delayed rise of animals. *Science*, 346, 635-638. doi:10.1126/science.1258410.

16. Reinhard, C., et al., 2016. Evolution of the global phosphorus cycle, *Nature*, doi:10.1038/nature20772.

17. Wolf, E., and Toon, O., 2015. Delayed onset of runaway and moist greenhouse climates for Earth. *Geophysical Research Letters*, 41, 167-172. doi: 10.1002/2013GL058376. 好消息是这一研究延长了真正令人沮丧的 1.7 亿～6.5 亿年的宜居期估计值。

18. Planavsky, N., et al., 2010. The evolution of the marine phosphate reservoir. *Nature*, 467, 1088-1090.

19. Erwin, D., et al., 2011. The Cambrian conundrum: Early divergence and later ecological success in the early history of animals. *Science*, 334, 1091 1097. doi:10.1126/science.1206375.

20. 开尔文的词句来自其写给约翰·菲利普斯的信，引自：Morrell, J., 2001. The age of the Earth in the twentieth century: A problem (mostly) solved. In Lewis, C., and Knell, S., *The Age of the Earth from 4004 BC to AD 2002.* Geological Society of London Special Publication 190, 85-90。

21. McCallum, M., 2007. Amphibian decline or extinction? Current declines dwarf background extinction rate. *Journal of Herpetology*, 41, 483-491.

doi:10.1670/0022-1511.

22. Raup, D., and Sepkoski, J., 1984. Periodicity of extinctions in the geologic past. *Proceedings of the National Academy of Sciences*, 81, 801-805.

199   23. Whitman, W., Coleman, D., and Wiebe, W., 1998. Prokaryotes: The unseen majority. *Proceedings of the National Academy of Sciences*, 95, 6578-6583.

第五章 大加速

1. Cooper, K., and Kent, A., 2014. Rapid remobilization of magmatic crystals kept in cold storage. *Nature*, 506, 480-483. doi: 10.1038/nature12991.

2. Webber, K., et al., 1999. Cooling rates and crystallization dynamics of shallow level pegmatite-aplite dikes, San Diego County, California. *American Mineralogist*, 84, 717-718.

3. Zalasiewicz, J., et al., 2008. Are we now living in the Anthropocene? *GSA Today*, 18(2), 4-8. doi:10.1130/GSAT01802A.1.

4. Lambeck, K., et al., 2014. Sea level and global ice volumes from the Last Glacial Maximum to the Holocene. *Proceedings of the National Academy of Sciences*, 111, 15296-15303. doi:10.1073/pnas.1411762111.

5. 生物多样性中心（Center for Biological Diversity），https://www.biologicaldiversity.org/programs/biodiversity/elements_of_biodiversity/extinction_crisis/。

6. Gerlach, T., 2011. Volcanic vs. anthropogenic carbon dioxide. *Eos, Transactions, American Geophysical Union*, 92, 201-203.

7. Rockström, J., et al., 2009. A safe operating space for humanity. *Nature*, 461, 472-475. doi:10.1038/461472a.

8. Haberl, H., et al., 2007. Quantifying and mapping the human appropriation of net primary production in Earth's terrestrial ecosystem. *Proceedings of the National Academy of Sciences*, 104, 12942-12947. doi:10.1073/pnas0704243104.

9. Walker, M., et al., 2009. Formal definition and dating of the GSSP (Global

Stratotype Section and Point) for the base of the Holocene using the Greenland NGRIP ice core, and selected auxiliary records. *Journal of Quaternary Science*, 24, 3-17. doi:10.1002/jqs.1227.

10. Thompson, L., et al., 2013. Annually resolved ice core records of tropical climate variability over the past 1800 Years. *Science*, 340, 945-950. doi:10.1126/science.123421.

11. Zhang, D., et al., 2011. The causality analysis of climate change and large-scale human crisis. *Proceedings of the National Academy of Sciences*, 108, 17296-17301. doi:10.1073/pnas.1104268108.

12. Hsiang, S., Burke, M., and Michel, E., 2013. Quantifying the influence of climate on human conflict, *Science*, 341, 1212-1228. doi:10.1126/science.1235367.

13. Milly, P., et al., 2008. Stationarity is dead: Whither water management? *Science*, 319, 573-574. doi:10.1126/science.1151915.

14. Alley, R., 2000. *The Two-Mile Time Machine: Ice Cores, Abrupt Climate Change, and our Future*. Princeton, NJ: Princeton University Press, p. 126.

15. Berger, A., 2012. A brief history of the astronomical theories of paleoclimate. In Berger A., Mesinger F., and Sijacki, D. (eds.), *Climate Change*. New York: Springer, p. 107-128. doi:10.1007/978-3-7091-0973-1_8.

16. Arrhenius, S., 1896. On the influence of carbonic acid in the air upon the temperature of the ground. *Philosophical Magazine and Journal of Science*, ser. 5, vol. 41, 237-276.

17. Hays, J., Imbrie, J., and Shackleton, N., 1976. Variations in the Earth's orbit: Pacemaker of the ice ages. *Science*, 194, 1121-1132.

18. 在尼尔·德格拉斯·泰森（Neil deGrasse Tyson）于 2014 年主持的优秀电视节目《宇宙》（*Cosmos*）中，某个颇具煽动性的片段展现了一种设想：如果二氧化碳是紫色的，那么城市将是何种面貌。从效果来看，碳排放会被视为一种公害。

19. ^{13}C 和 ^{12}C 在地质样品中的相对数量，一般是根据指定岩石（通常是

石灰岩）的 $^{13}C/^{12}C$ 值与国际标准（作为"参照标准"的方解石）的
偏差得出。这种偏差被称为 δ^{13}C（delta C–13），定义为 [（$^{13}C/^{12}C$ 样
本 –$^{13}C/^{12}C$ 标准）/$^{13}C/^{12}C$ 标准] ×1 000。（使用 1 000 作为系数，以
便偏差值呈整数；$^{13}C/^{12}C$ 的变量以千分数来衡量。）Δδ^{13}C（delta delta
C–13，指岩石中的 δ^{13}C 值在某段时间内的变化）能够衡量碳循环被
干扰的严重程度：负值表明，释放的是生物源（通过光合作用固定的）
碳；正值则表明，有机碳埋藏的和 / 或火山喷发的 CO_2，多于生物排放
的 CO_2。请见附录Ⅲ。

20. McInerney, F., and Wing, S., 2011. The Paleocene-Eocene Thermal Maximum: A perturbation of carbon cycle, climate, and biosphere with implications for the future. *Annual Reviews of Earth and Planetary Sciences*, 39, 489-516.

21. Union of Concerned Scientists. Environmental impacts of natural gas, https://www.ucsusa.org/clean-energy/coal-and-other-fossil-fuels/environmental-impacts-of-natural-gas.

22. Ruben, E., Davidson, J., and Herzog, H., 2015. The cost of CO_2 capture and storage. *International Journal of Greenhouse Gas Control*. doi:10.1016/j.ijggc.2015.05.018.

23. American Physical Society, 2011. Direct air capture of CO_2 with chemicals. https://www.aps.org/policy/reports/assessments/.

24. Stephenson, N. L., et al., 2014. Rate of tree carbon accumulation increases continuously with tree size. *Nature*, 507, 90-93. doi:10.1038/nature12914.

25. Venton, D., 2016. Can bioenergy with carbon capture and storage make an impact? *Proceedings of the National Academy of Sciences*, 47, 13260-13262. doi:10.1073/pnas.1617583113.

26. American Society for Microbiology, 2017. Colloquium Report: *Microbes and Climate Change*. https://asm.org/Reports/FAQ-Microbes-and-Climate-Change.

27. Keleman, P., and Metter, J., 2008. In situ carbonation of peridotite for CO_2

storage. *Proceedings of the National Academy of Sciences*, 105, 17295-17300. doi:101073/pnas.0805794105.

28. Hamilton, Clive, 2013. *Earthmasters: The Dawn of the Age of Climate Engineering*. New Haven, CT: Yale University Press.

29. Smith, C.J., et al., 2017. Impacts of stratospheric sulfate geoengineering on global solar photovoltaic and concentrating solar power resource. *Journal of Applied Meteorology and Climatology*, 56, 1484-1497. doi:10.1175/JAMC-D-16-0298.1.

30. Tilmes, S., et al., 2013. The hydrological impact of geoengineering in the Geoengineering Model Intercomparison Project (GeoMIP). *Journal of Geophysical Research: Atmospheres*, 118, 11036011958. doi:10.1002/jgrd.50868.

31. Keith, D., 2013. *A Case for Climate Engineering*. Cambridge, MA: MIT Press.

第六章　垂向时间、乌托邦与科学

1. 这名中后卫就是德斯蒙德·毕晓普（Desmond Bishop）。

2. Wisconsin Department of Natural Resources, Winnebago System Sturgeon Spearing, http://dnr.wi.gov/topic/fishing/sturgeon/sturgeonlakewinnebago.html.

3. La Tour, B., 1993. *We Have Never Been Modern*. Cambridge, MA: Harvard University Press, p. 68.

4. Shulman, E., 2014. *Rethinking the Buddha: Early Buddhist Philosophy as Meditative Perception*, Cambridge: Cambridge University Press, p. 114.

5. 一千年后，另一位斯堪的纳维亚人、丹麦的神学家和哲学家瑟伦·克尔恺郭尔（Søren Kierkegaard，他肯定会否认维京人造成了持久的影响）提出了一个相辅相成的观点："未来不仅意味着现在和过去；因为在某种意义上，未来是一个整体，而过去只是其中一部分。"［克尔恺郭尔，1844 年，出自《恐惧的概念》（*Concept of Dread*）］。

6. Bauschatz, P., 1982. *The Well and the Tree*. Amherst: University of Massa-

chusetts Press.

7. Bergquist, L., 2016. Brad Schimel opinion narrows DNR powers on high-capacity wells. *Milwaukee Journal Sentinel*, 16 May 2016, http://archive. jsonline.com/news/statepolitics/brad-schimel-opinion-narrows-dnr-powers-on-high-capacity-wells-brad-schimel-opinion-narrows-dnr-powe-378900981. html.

8. Wieseltier, L., 2015. *Among the Disrupted*, New York Times Book Review, 7 Jan. 2015.

9. 全文请见 http://www.indigenouspeople.net/iroqcon.htm。

10. Scheffler, S., 2016. *Death and the Afterlife*. Oxford: Oxford University Press, p. 43.

11. Hauser, O., et al., 2014. Cooperating with the future. *Nature*, 511, 220-223. doi:10.1038/nature13530.

12. Hardin, G., 1969. The tragedy of the commons. *Science*, 162, 1243-1248.

13. Sussman, R., 2014. *The Oldest Living Things in the World*. Chicago: University of Chicago Press.

14. Smith, R., 2014. On Kawara, artist who found elegance in every day dies at 81. *New York Times*, 15 July 2014. https://www.nytimes.com/2014/07/16/arts/design/on-kawara-conceptual-artist-who-found-elegance-in-every-day-dies-at-81.html.

15. John Cage Orgelprojekt Halberstadt. https://www.aslsp.org.

16. The Long Now Foundation. https://longnow.org/clock/.

17. Feder, T., 2012. Time for the future. *Physics Today*, 65(3), 28.

18. Osnos, E., 2017. Survival of the richest. *New Yorker*, 30 January 2017.

19. Vizenor, G., 2008. *Survivance: Narratives of Native Presence*. Lincoln: University of Nebraska Press.

20. Loew, P., 2014. *Seventh Generation Earth Ethics: Native Voices of Wisconsin*. Madison: University of Wisconsin Press.

21. Wolf, E., and Toon, O., 2015. The evolution of habitable climates under the

brightening Sun. *Journal of Geophysical Research: Atmospheres*, 120, 5775-5794. doi:10.1002/2015JD023302.

22. http://www.scotese.com/future2.htm. 另见 Broad, W., 2007, Dance of the continents. *New York Times*, 9 January 2007. https://www.nytimes.com/2007/01/09/science/20070109_PALEO_GRAPHIC.html?mcubz=2。

23. 2005年，冯内古特在美国公共广播公司（PBS）的《此刻》（*Now*）栏目上接受了戴维·布兰卡乔（David Brancaccio）的访问。http://www.shoppbs.org/now/transcript/transcriptNOW140_full.html.

24. Tracy, J., Hart, H., and Martens, J., 2011. Death and science: The existential underpinnings of belief in intelligent design and discomfort with evolution. *PloSONE* 6: e17349. doi:10.1371/journal.pone.0017349. http://www.plosone.org/article/info%3Adoi%2F10.1371%2Fjournal.pone.0017349.

25. Dobzhansky, T., 1973. Nothing in biology makes sense except in the light of evolution. *American Biology Teacher*, 35(3), 125-129. 值得注意的是，多布詹斯基本人是一位有神论者，也是东正教的虔诚信徒，但他认为自己在演化生物学方面的科研工作与他对上帝的信仰之间不存在冲突。

26. Smolin L., 2014. Time, laws, and the future of cosmology. *Physics Today*, 67(3), 38-43.

27. Freud, S., 1929, translated by James Strachey, 1961. *Civilization and Its Discontents*. New York: W.W. Norton, pp. 15-19.

28. Durkheim, É., 1912. *The Elementary Forms of the Religious Life*. Translated by K. Fields, New York: Free Press (1995), p. 228.

索 引 ①

---

① 索引页码按照原书页码标出，参见页边码。——编者注

斯万特·阿雷纽斯 Arrhenius, Svante, 138

火山灰 ash, volcanic, 37–38, 53

亚洲 Asia, 73, 74, 132, 156

软流圈 asthenosphere, 83

天体生物学 astrobiology, 14

大西洋 Atlantic Ocean, 62, 68, 69, 143, 147

玛格丽特·阿特伍德 Atwood, Margaret, 168

澳大利亚 Australia, 58–59, 101–102, 114, 167

孟加拉国 Bangladesh, 77

猴面包树 baobab trees, 167

巴拉布山区（威斯康星州）Baraboo Hills, Wisconsin, 78

玄武岩 basalt, 62–63, 70–73, 99, 103, 121

鲍莫尔病 Baumol's "disease," 12

"小猎犬"号探险 Beagle, Voyage of, 26, 84

亨利·贝克勒耳 Becquerel, Henri, 33

孟加拉海底扇（印度洋）Bengal Fan (Indian Ocean), 77, 89

大爆炸宇宙论 Big Bang theory, 43

生物地球化学循环 biogeochemical cycles, 81–83, 97, 128, 148, 187; 集群灭绝期间生物地球化学循环的破坏 disruptions of, in mass extinctions, 123–125; 生物地球化学循环的人为干扰 human perturbations of, 129, 153, 155; 元古宙期间的生物地球化学循环 in Proterozoic time, 105–109。另见碳循环。See also carbon cycle.

生物地层学 biostratigraphy, 36

苏珊·布莱克莫尔 Blackmore, Susan, 175

黑烟囱 black smokers, 71

"无聊的10亿年"（元古宙期间的"中场休息"）"Boring Billion" (interval in Proterozoic time), 108–111, 128

腕足动物 brachiopods, 114

雅鲁藏布江 Brahmaputra River, 77, 89

巴西 Brazil, 69

狐尾松 bristlecone pine, 167

不列颠哥伦比亚省 British Columbia, 87, 153

佛教 Buddhism, 162

西姆哈·布尼姆拉比 Bunim, Rabbi Simcha, 177

碳–14定年法 ^{14}C dating, 50–52, 59

约翰·凯奇 Cage, John, 168–169

方解石 calcite, 82–83, 114, 123, 146,

153-154

加里东造山带 Caledonides, 3, 10, 73

加利福尼亚州 California, 154

加州理工学院 California Institute of Technology, 45

寒武纪大爆发 Cambrian explosion, 114-115, 123

寒武纪 Cambrian Period, 28, 29, 40, 58, 114-115

剑桥大学 Cambridge University, 33

加拿大地盾 Canadian Shield, 53, 57-58, 98, 110

佛得角群岛 Cape Verde Islands, 88

碳捕集与封存 carbon capture and storage, 148-153

碳循环（在地质年代尺度下）carbon cycle, on geologic timescales, 81-83, 106, 141-142; 172; 碳循环的人为干扰 human perturbations of, 143-154; 碳循环与集群灭绝 and mass extinctions, 123-124

碳定年法 carbon dating, 见碳-14定年法。See ^{14}C dating.

二氧化碳的含量（大气层中）carbon dioxide in atmosphere, 81-83, 96, 121-124, 129, 138, 141-155

碳排放市场或碳排放税 carbon market or tax, 149, 150

碳的稳定同位素 carbon, stable iso-

topes of, 100, 139, 146

石炭纪 Carboniferous Period, 40

加勒比海 Caribbean Sea, 56

安德鲁·卡内基 Carnegie, Andrew, 103

喀斯喀特山脉 Cascade Range, 72

卡斯凯迪亚俯冲带 Cascadia subduction zone, 87

灾变论 catastrophism, 24, 56, 120, 122

新生代 Cenozoic Era, 27, 68, 81, 116, 118

中美洲 Central America, 87, 132

T. C. 钱伯林 Chamberlin, T. C., 93, 138, 139, 143

河道疤地 Channeled Scablands, 144

化学风化作用 chemical weathering, 81-83, 172

希克苏鲁伯陨石坑 Chicxulub crater, 56-57, 61, 120-121

芝加哥大学 Chicago, University of, 44, 122

智利 Chile, 84

中国 China, 88, 90, 132

气候变化（人为导致的）climate change, anthropogenic, 94-95, 128-131, 144-145, 148-158

气候工程 climate engineering, 15-16, 104, 155-157

气候的影响因素 climate, factors

.